超细硫铝酸盐水泥基绿色快速加固材料研究

张建武　金　彪　著

中国水利水电出版社

www.waterpub.com.cn

·北京·

内 容 提 要

本书详细阐述了超细硫铝酸盐水泥基绿色快速加固材料的凝结硬化性能、物理力学性能及硬化体微结构特征。主要研究了材料的颗粒特性、石膏类型及用量、减水剂与缓凝剂种类及用量等因素作用下，超细硫铝酸盐水泥基绿色快速加固材料的水化硬化规律。同时，为推动磷石膏、井盐石膏等工业副产石膏在超细硫铝酸盐水泥基绿色快速加固材料中的资源化应用，探讨了可溶磷、氟以及氯盐等工业副产石膏中有害成分的影响机理。此外，本书最后还初步探索了超细硫铝酸盐水泥基绿色快速加固材料与煤岩界面区的微结构与力学性能，旨在为推动该快速加固材料在煤矿破碎煤岩体加固中的应用提供理论指导。

本书共分10章，主要内容包括绪论，硫铝酸盐水泥基绿色快速加固材料颗粒特性影响研究，超细硫铝酸盐水泥基绿色快速加固材料的组成、结构与性能，石膏类型对超细硫铝酸盐水泥基绿色快速加固材料水化硬化性能的影响及机理分析，减水剂对超细硫铝酸盐水泥基绿色快速加固材料水化硬化性能的影响，缓凝剂对超细硫铝酸盐水泥基绿色快速加固材料性能的影响及机理，可溶磷作用下超细硫铝酸盐水泥基绿色快速加固材料的水化硬化性能，可溶氟作用下超细硫铝酸盐水泥基绿色快速加固材料的水化硬化规律，氯盐对超细硫铝酸盐水泥基绿色快速加固材料水化硬化的影响，超细硫铝酸盐水泥基绿色快速加固材料在煤岩体加固应用过程中的界面特征。

本书可供从事水利工程、地下空间安全建设、矿山安全开采、工业副产石膏资源化利用、特种水泥基工程材料等相关领域的科研人员、工程技术人员和管理人员阅读，也可供高等院校相关专业师生参考。

图书在版编目（CIP）数据

超细硫铝酸盐水泥基绿色快速加固材料研究 / 张建武，金彪著 . —北京：中国水利水电出版社，2024.5
　ISBN 978-7-5226-2436-5

　Ⅰ.①超… Ⅱ.①张… ②金… Ⅲ.①硫铝酸盐水泥—水泥基复合材料—加固—研究 Ⅳ.① TQ172.72

中国国家版本馆 CIP 数据核字（2024）第 082677 号

书　　名	超细硫铝酸盐水泥基绿色快速加固材料研究 CHAOXI LIULÜSUANYAN SHUINIJI LÜSE KUAISU JIAGU CAILIAO YANJIU
作　　者	张建武　金彪　著
出版发行	中国水利水电出版社 （北京市海淀区玉渊潭南路 1 号 D 座 100038） 网址：www.waterpub.com.cn E-mail：zhiboshangshu@163.com 电话：（010）62572966-2205/2266/2201（营销中心）
经　　售	北京科水图书销售有限公司 电话：（010）63202643、68545874 全国各地新华书店和相关出版物销售网点
排　　版	北京智博尚书文化传媒有限公司
印　　刷	三河市龙大印装有限公司
规　　格	170mm×240mm　16 开本　12.75 印张　220 千字
版　　次	2024 年 5 月第 1 版　2024 年 5 月第 1 次印刷
定　　价	69.00 元

前　言

近年来，在国家全面实施"三深"（深地、深海、深空）战略的背景下，我国的城市地下空间建设、地下能源资源安全开采等领域呈现出蓬勃发展的局面，对于快速加固材料的年需求量高达千万吨以上。现有的快速加固材料仍主要以聚氨酯、环氧树脂等有机类加固材料为主，环保性和经济性较差，已无法满足和适应我国当前地下空间工程的开发与建设需求。

以硫铝酸盐水泥为基础制备超细硫铝酸盐水泥基快速加固材料近些年逐渐开始兴起。相比于传统的快速加固材料，该快速加固材料具有浆液可注性好、渗透性强、凝结硬化快、强度发展快、硬化结石体微膨胀等优势，同时，还可以大量利用工业副产石膏等固体废弃物，显著具有绿色化特征。基于这些特征，超细硫铝酸盐水泥基快速加固材料在矿山巷道、煤矿工作面临时加固、道路抢修、隧道堵水等工程领域具有广泛的应用前景。

但是超细硫铝酸盐水泥基快速加固材料仍处于研究阶段，关于超细硫铝酸盐水泥基快速加固材料的一般水化硬化特征、性能发展规律等尚未充分明晰。另外，为加快推进工业副产石膏等工业固体废弃物在超细硫铝酸盐水泥基快速加固材料中的高效应用以进一步实现其绿色可持续发展，尚需开展深入的研究工作。

本书主要由河南城建学院张建武、金彪撰写完成，归纳总结了作者在超细硫铝酸盐水泥基绿色快速加固材料方面的相关成果和资料，撰写过程中参考并引用了包括材料、环境工程、固废资源化利用、化学等领域众多专家、学者和工程技术人员的观点与结论，在此表示真诚的感谢。河南理工大学管学茂教授和朱建平教授对本书的撰写提供了大力支持。本书内容所涉及的研究得到了国家自然科学基金（51272068）、国家重点研发计划（2017YFC0603004）等的大力支持和资助，在一并表示由衷的感谢。

由于作者的学术水平有限，书中的不足之处敬请广大读者批评指正。

作　者

2023 年 11 月

目　　录

第1章 绪 论

1.1 研究背景

当前，研发适于复杂地下工程环境的绿色快速加固材料已经成为关系我国全面深地战略的重要课题之一，对于构建和保障国家安全和战略利益的技术体系具有重要的现实意义[1-5]。

现有的地下工程用加固材料主要以化学浆液和硅酸盐水泥基加固材料为主，二者各有优势和劣势[6-11]。其中，化学浆液普遍具有凝结硬化快、早期强度高、黏结性能好和柔韧性较好的优势，但也存在价格昂贵、具有毒性、放热量大、耐久性差等显著缺陷[12-20]。硅酸盐水泥基加固材料显著具有原材料来源广、造价低、耐久性好等优势，但同样具有凝结时间长、强度发展缓慢、结石率低且易收缩等缺陷，严重困扰甚至阻碍其在地下工程中的高效应用[21-28]。为满足我国地下工程建设安全的迫切需求，近年来，以$C_4A_3\bar{S}-CaSO_4(H_2O)-CaO$为基础胶凝体系的超细硫铝酸盐水泥基绿色快速加固材料逐渐发展起来[29-36]。

超细硫铝酸盐水泥基绿色快速加固材料是在硫铝酸盐水泥基础上衍生发展而来的，从材料组成角度可以理解为以超细硫铝酸盐水泥熟料、超细石膏、超细生石灰为主要原料，按照一定比例配置并辅之以适合的改性组分，磨细制得的一种新型快速加固材料。作为一种以硫铝酸盐水泥为基础的新型的超细水泥基加固材料，其性能有别于传统硅酸盐类型超细水泥[37-42]，通常具有浆体可注性好、渗透性好、凝结硬化快、强度发展快、硬化体微膨胀及抗侵蚀等优良特性。

　　为便于工程使用，通常将超细硫铝酸盐水泥基绿色快速加固材料设置成双液组分体系(图 1.1)，其中 A 浆液主要由超细硫铝酸盐水泥熟料、改性剂和水组成，B 浆液主要由超细石膏、超细生石灰、改性剂和水组成。两种浆液不接触时均能够保持长时间的流动，一旦混合便快速凝结，短时间内形成具有较高强度的结石体。

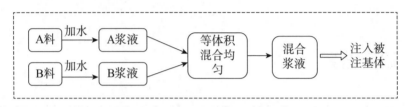

图 1.1　超细硫铝酸盐水泥基绿色快速加固材料注浆加固工艺流程

　　超细硫铝酸盐水泥基绿色快速加固材料的前身最早可追溯至 20 世纪 80 年代，中国矿业大学为解决煤矿巷旁充填问题而研发的 ZKD 型高水速凝充填材料[43-49]。随后，为进一步推动和促进该体系材料的发展和应用，以管学茂为代表的相关学者在先前基础上开展了较为广泛的研究工作，奠定了超细硫铝酸盐水泥基绿色快速加固材料的制备、改性及应用的基础。由于具有突出的早期性能，超细硫铝酸盐水泥基绿色快速加固材料在地下空间建设、矿井安全开采、隧道堵水等领域具有显著的优势和良好的应用前景。

1.2　超细硫铝酸盐水泥基绿色快速加固材料的水化硬化特性

　　钙矾石是超细硫铝酸盐水泥基绿色快速加固材料最主要的水化产物之一[50-55]。之所以超细硫铝酸盐水泥基绿色快速加固材料显著具有快硬、早强、微膨胀等性能特征，主要是由于其在早期水化过程能够迅速生成大量的水化产物钙矾石。在超细硫铝酸盐水泥基绿色快速加固材料水化过程中，钙矾石主要通过硫铝酸盐水泥熟料中的无水硫铝酸钙矿物、石膏、生石灰和水之间的水化反应形成，其反应式如下：

$$C_4A_3\bar{S} + 8C\bar{S} + 6C + 96H \longrightarrow 3 \cdot C_6A\bar{S}_3H_{32} \qquad (1.1)$$

许多研究结果表明,钙矾石的形成过程主要遵循"溶解–沉淀"理论[56-61]。因此,在煤矿用硫铝酸盐水泥基注浆材料中,钙矾石晶体的形成过程可以描述为:首先无水硫铝酸钙矿物通过溶解向液相中释放出 AlO_2^- 离子,然后 AlO_2^- 离子再与液相中的 OH^- 离子结合(通过石灰电离释放至液相),形成 $[Al(OH)_6]^{3-}$ 八面体。$[Al(OH)_6]^{3-}$ 八面体能够迅速与液相中的 Ca^{2+} 离子和水分子结合形成 $\{Ca_6[Al(OH)_6]_224H_2O\}^{6+}$ 多面体柱。最后三个 SO_4^{2-} 离子和两个水分子进入 $\{Ca_6[Al(OH)_6]_224H_2O\}^{6+}$ 多面体柱的沟槽内形成完整的钙矾石晶体结构。许多关于钙矾石形成机理的研究表明,$[Al(OH)_6]^{3-}$ 八面体的形成速率最慢,是控制钙矾石生成速率的主要影响因素[56]。

石膏作为超细硫铝酸盐水泥基绿色快速加固材料主要的矿物组成之一,主要作用是为钙矾石的形成提供必须的 SO_4^{2-} 离子[62-68]。许多关于硫铝酸盐水泥水化方面的研究表明,石膏的种类和掺量不同,钙矾石晶体的生成速率、生成量、形貌等特征皆存在较大差异,进而导致硫铝酸盐水泥表现出不同的性能。

Marta García–Maté et al.[63]研究了硬石膏、半水石膏和二水石膏三种类型石膏资源对硫铝酸盐水泥水化的影响,结果表明,半水石膏的溶解速率过快,致使硫铝酸盐水泥过快地发生凝结硬化现象。硬石膏的溶解速率较小,导致 1 d 龄期钙矾石的生成量要明显少于掺二水石膏时的情况,反映在宏观上表现为掺硬石膏时,试样的 1 d 龄期强度要低于掺二水石膏的试样。

Telesca et al.[52]研究了石膏掺量对硫铝酸盐水泥水化的影响,结果表明,当石膏的掺量达到理论石膏水平时,钙矾石的生成量最大。当石膏的掺量低于理论水平掺量时,水化产物中会有部分单硫型水化硫铝酸钙存在。石膏掺量较多的情况下,部分钙矾石晶体还将表现出放射状形态。同时,较多的石膏掺量能够显著引发硬化体的膨胀。

要秉文等[64]通过研究石膏掺量对高贝利特硫铝酸盐水泥水化的影

响，同样发现适宜的石膏掺量能够促进无水硫铝酸钙矿物水化生成更多的钙矾石，从而有利于提高水泥的强度。

刘娟红等[69]研究了石膏种类对矿用硫铝酸盐水泥基注浆材料凝结硬化性能的影响。结果表明，当选择二水石膏时，能显著赋予结石体较高的力学性能；当选择半水石膏时，结石体 7 d 龄期仍然不具备强度。

孙恒虎等[70]同样研究了石膏类型对硫铝酸盐水泥基注浆材料性能的影响，结果表明，掺二水石膏时，结石体的力学性能要显著优于掺硬石膏时的情况。蔡兵团[71]通过粉磨制备了颗粒粒径 $D_{95} < 15\ \mu m$ 的超细硫铝酸盐水泥基注浆材料，同时研究了石膏类型对其力学性能的影响，结果表明，掺硬石膏时，超细硫铝酸盐水泥基注浆材料的各个龄期的力学性能要优于掺二水石膏时的情况。

彭美勋等[72]研究了石膏掺量对矿用双液硫铝酸盐水泥基注浆材料性能的影响，结果表明，当石膏掺量范围为 80% ~ 85% 时，结石体具有较高的力学性能，石膏掺量高于或低于此值，结石体的力学性能不佳。

除了石膏以外，石灰也是制备超细硫铝酸盐水泥基绿色快速加固材料所需的另一种重要的组成材料。石灰的作用在于能够促进钙矾石晶体的快速生成，使得浆体在很短的时间内迅速凝结硬化并快速产生强度[73-77]。石灰的掺入能够有效提高液相环境的碱度，增加液相中 OH^- 离子的数量，从而加速 $[Al(OH)_6]^{3-}$ 八面体的形成，使钙矾石晶体的生成速率显著加快。此外，石灰还会有效影响钙矾石晶体的形貌。许多研究发现，在不存在石灰的条件下，钙矾石晶体的形成速率较慢，一般都生成较粗的长柱状晶体。在饱和石灰溶液体系下，钙矾石晶体往往表现为细针状形态。许多关于钙矾石的膨胀机理研究表明，在饱和石灰溶液中生成的钙矾石晶体由于晶体尺寸较小、比表面积大，相比于非石灰溶液中形成的长柱状钙矾石晶体更加能够显著引起结石体的膨胀。

1.3 超细硫铝酸盐水泥基绿色快速加固材料的外加剂改性现状

超细硫铝酸盐水泥基绿色快速加固材料显著具有早强、高强、微膨胀等特征，能够很好地满足煤层加固对注浆材料时效性的要求。但超细硫铝酸盐水泥基绿色快速加固材料的颗粒粒径小、比表面积大、水化反应快，使得超细硫铝酸盐水泥基绿色快速加固材料的浆体的凝结时间较短，流动性差且难以保持，不利于煤层注浆工程和保证注浆效果。因此，在超细硫铝酸盐水泥基绿色快速加固材料的制备过程中往往需要掺入适量的减水剂和缓凝剂等化学外加剂，以调控和改善其浆体的工作性能。

目前，有关化学外加剂改性硅酸盐水泥方面已经取得了广泛的研究，用于硅酸盐水泥的外加剂产品种类已经较为齐全[78-85]，但对于硫铝酸盐水泥改性用化学外加剂的研究还较少。现有的研究还多采用硅酸盐水泥混凝土外加剂来实现对硫铝酸盐水泥基材料性能的改善[50, 86-94]。王燕谋 等[50]开发出了硫铝酸盐水泥专用系列外加剂，但没有公开其成分。Marta García-Maté et al.[95]向硫铝酸盐水泥中掺入了聚羧酸减水剂，有效降低了浆体的黏度，改善了浆体的流动性。Bing Ma et al.[96]研究了聚羧酸减水剂与硫铝酸盐水泥的相容性问题，研究表明，聚羧酸减水剂能够延长硫铝酸盐水泥的凝结时间，但降低了硬化体的早期强度。张鸣 等[97]从流变学角度研究了萘系、氨基磺酸盐系和聚羧酸系高效减水剂与硫铝酸盐水泥的相容性，结果表明，聚羧酸减水剂与硫铝酸盐水泥具备良好的相容性，浆体稳定性好。Chang W et al.[92]的研究表明聚羧酸减水剂更适用于硫铝酸盐水泥体系，其不仅能够很好地改善硫铝酸盐水泥的流动性而且有利于提高其力学性能。陈娟 等[93]的研究结果则认为萘系减水剂更适合于硫铝酸盐水泥，二者具有良好的相容性。适量掺入萘系减水剂不仅能够改善硫铝酸盐水泥的流动性，还能够提高其早期强度。Jean-Baptiste Champenois et al.[98]

研究表明，硼砂会显著降低硫铝酸盐水泥的水化放热速率，延长凝结时间。彭艳周 等[99]研究了葡萄糖酸钠对硫铝酸盐水泥凝结时间的影响，结果表明，适量的葡萄糖酸钠能有效延长硫铝酸盐水泥的凝结时间，但掺量过大会导致凝结时间缩短。Hu Y et al.[100]研究发现，硼砂和柠檬酸能显著延长硫铝酸盐水泥的凝结时间，但早期强度相应有所降低。Zhang G et al.[101]研究了复掺减水剂和缓凝剂对硫铝酸盐水泥流动性的影响，结果表明，单掺萘系减水剂和氨基磺酸盐减水剂能够有效提高硫铝酸盐水泥浆体的流动性，但复合掺入柠檬酸和减水剂后，浆体的流动性有所降低。

1.4 水泥基材料水化历程的研究方法现状

水泥基材料的水化反应历程决定了其性能的演变与发展规律。因此，采用合适的方法探索水泥基材料水化反应的规律始终是水泥基材料领域研究的热点。目前，关于水泥基材料水化历程的研究方法主要包括动态法和静态法两种[102]。动态法是指实时跟踪和记录水泥基材料的物理、化学性质随时间的变化，建立宏观性能与水化进程、反应速率之间的相关关系，进而对水泥基材料的水化特性及机理进行阐述，主要包括水化热法、水化动力学法、电阻率法等。静态法是通过研究水泥基材料水化产物的微观形貌及化学组成等分析水泥基材料水化过程发生的变化，主要包括化学结合水法、CH 定量分析法、X 射线衍射法、图像分析法等。

水化热法是研究水泥水化反应历程常用的一种表征方法[103-109]。通过测量水泥水化过程中的温度、放热速率和放热量，可以预知水泥的水化快慢、水化程度，并且推测水化产物生成的种类、数量以及浆体的结构的形成与发展情况。多年来，许多学者都通过研究化学外加剂对水泥的水化放热特性的影响来分析化学外加剂对水泥水化历程的影响[110-116]。水化热法能够对早期水泥的水化进程有很好的表征作用，但不适合用于长龄期水泥基材料水化程度的测试。这主要是因为水化若干天后，水泥基材料的水化放热量降低，水化速率曲线趋于平缓，由测量系统本身以及操作人员引起的误差越来越大。超细硫铝酸盐水泥基绿色快速加固材料作为硫铝酸盐水泥基材料的一种，具有前期放热快、放热量集中的特点，十分适合采用水化热法研究硫铝酸盐水泥基材料的水化历程。Frank W et al.[116]研究了柠檬酸掺量对硫铝酸盐水泥水化放热历程的影响，结果表明，当柠檬酸掺量大于 0.2% 后，能够使得硫铝酸盐水泥水化诱导期显著延长和水化放热速率显著降低，进而导致浆体凝结时间显著延长以及早期强度的降低。Maciej Zajac et al.[117]研究了葡萄糖酸钠、酒石酸钾和硼砂三种缓凝剂对硫铝酸盐水泥水化放热历程的影响。结果表明，相比于其他两种缓凝剂，硼砂能够显著导致水化诱导期的延长以及早期放热量的降低。

水化动力学法同样是研究水泥基材料水化反应常用的方法。水化动力学法是以动态的观点研究水泥基材料的水化反应，分析水化反应过程中的内因和外因对反应速率和反应方向的影响，从而揭示水泥基材料水化反应的宏观和微观机理[118-119]。水泥基材料的水化反应是一个非常复杂的过程，不同的反应阶段受不同作用机理的控制。研究水泥基材料水化反应动力学，不仅有助于深入理解水化机理，而且对预测和改进水泥基材料的性能具有重要的意义。Fernández-Jiménez et al.[120-121]研究了碱激发矿渣的水化过程，对扩散控制的反应进行了分析。Wang X Y et al.[122]在兼顾波特兰水泥矿物的水化以及粉煤灰火山灰反应的前提下，建立了硅酸盐水泥 – 粉煤灰复合水泥基材料的水化动力学模型。Wang X Y et al.[123]还建立了硅酸盐水泥 – 石灰石复合水泥基材料的水化动力学模型。Krstulovic et al.[124]认为硅酸盐水泥基材料的水化反应由三个基本过程组成：结晶成核与晶体生长（NG）、相边界反应（I）和扩散反应（D），三个过程能够同时发生，但水泥基材料的水化过程整体发展取决于其中最慢的反应过程。同时，建立了三个反应阶段动力学反应数学模型。

结晶成核与晶体生长阶段（NG）：

$$[-\ln(1-\alpha)]^{1/n} = K_{NG}(t-t_0) \tag{1.2}$$

相边界反应阶段（I）：

$$[1-(1-\alpha)^{1/3}] = K_I(t-t_0) \qquad (1.3)$$

扩散反应阶段（D）：

$$[1-(1-\alpha)^{1/3}]^2 = K_D(t-t_0) \qquad (1.4)$$

式中：α 为水化程度；K_{NG}、K_I、K_D 分别为 3 个水化反应过程的反应速率常数；t_0 为诱导期结束的时间；n 为反应级数。$N < 1$ 时，水化反应处于成核自催化反应阶段；$N = 1$ 时，水化反应处于相边界反应阶段；$N \geqslant 2$ 时，水化反应受扩散过程控制。

闫培渝 等[125]基于 Krstulovic 模型，对所测复合胶凝材料的水化放热数据进行了分析，得到相应动力学参数，并指出水泥基材料的水化存在 NG-I-D 和 NG-D 两种历程，分别对应反应和缓以及反应剧烈的水化过程。文静[126]研究了磷酸、磷酸二氢钙、铁矾和柠檬酸对氯氧镁水泥水化动力学的影响。结果表明，氯氧镁水泥水化加速期、减速期和稳定期分别要受到成核自催化、相边界反应和扩散过程控制。磷酸、磷酸二氢钙、铁矾和柠檬酸均能够有效抑制氯氧镁水泥加速期的成核自催化过程和稳定期的扩散反应过程。孔祥明 等[127]研究了磷酸及磷酸盐类化合物对水泥水化动力学的影响。结果表明，磷酸及磷酸盐类化合物均降低了水泥水化加速期初期的水化反应速率，聚磷酸盐类化合物比磷酸和单磷酸盐降低更明显。陈霞 等[128]研究了 P_2O_5对硅酸盐水泥水化动力学的影响。结果表明，P_2O_5 的掺入会增加硅酸盐水泥在水化加速期和减速期的反应阻力，减小稳定期的水化反应阻力。掺入 P_2O_5 后，水泥在加速期和减速期的表观活化能增加，稳定期表观活化能略有降低。

钙矾石是硫铝酸盐水泥基材料早期最主要的水化产物之一。因此，有关硫铝酸盐水泥基材料水化动力学的研究主要是针对水化产物钙矾石的生成速率的研究。在此方面，已经有许多学者推导了几个钙矾石生成速率的公式模型。

（1）目前使用最为广泛的是 Jander 提出的水化动力学模型[129]：

$$[1-(1-\alpha)^{1/3}]^N = Kt \qquad (1.5)$$

式中：α 为水化反应程度；t 为反应时间；K 为反应速率常数；N 为水化反应阶段因数。

（2）Ginstling et al.[130] 把参与反应的粒子大小（比表面积）考虑在内，推导出下列公式：

$$1-\frac{2}{3}\alpha-(1-\alpha)^{2/3} = Kt \qquad (1.6)$$

（3）Plowman et al.[131] 通过研究室温下水泥中铝酸三钙形成钙矾石的反应，推导出下列公式：

$$1-(1-\alpha)^{1/3} = (Kt-C)^{1/2} \qquad (1.7)$$

式中：C 为经验常数，通过统计学分析得到。

（4）Brown et al.[132] 通过研究铝酸三钙水化生成钙矾石的动力学过程，推导出下列公式：

$$1-(1-\alpha)^{1/3} = Kt^N \qquad (1.8)$$

式中：反应级数 $N = 0.5$ 时，水化反应受扩散过程控制；$N = 1$ 时，水化反应受颗粒比表面积控制。

徐冠立 等[133] 在含钡硫铝酸盐水泥的水化动力学和热力学研究中发现上述 4 个动力学模型中的系数均处于同一数量级，且相关性较好，具有较高的可靠性，各个公式中各阶段钙矾石的反应形成速率变化模型基本相同。杨惠先 等[134] 依据 Jander 的水化动力学模型，研究了无水硫铝酸钙矿物在二水石膏存在条件下的水化反应热动力学特征，并与硅酸盐水泥水化热动力学特性进行了比较。研究表明，无水硫铝酸钙矿物的水化历程可以分为三个阶段：①加速期阶段（水化 15 ～ 50 min）；②水化减速期（水化 50 ～ 140 min）；③受扩散控制期（水化 140 min 后）。此外，他还根据动力学反应模型计算了无水硫铝酸钙矿物的最终水化热、水化反应半衰期、水化反应速率常数、水化反应阶段因数，并对其水化反应机理进行了初步的探讨。徐冠立[133] 采用

XRD 和等温量热法测试计算了含钡硫铝酸盐水泥的水化动力学和热力学过程。结果表明,含钡硫铝酸盐水泥的水化过程主要受扩散过程控制,水化过程可以划分为加速期、减速期和衰减期。在加速期,水化反应主要受成核反应控制,属于自催化反应;从减速期开始,水化物在颗粒表面形成水化产物薄膜,水化反应阻力加大,速率减缓;进入衰减期,水化反应完全由扩散过程控制。Frank W et al.[116]研究了柠檬酸对硫铝酸盐水泥以及硅酸盐水泥 – 硫铝酸盐水泥基复合体系的水化动力学过程的影响,结果表明,柠檬酸能够显著减缓两种材料体系中钙矾石的形成速率。

1.5 超细硫铝酸盐水泥基绿色快速加固材料存在的问题与挑战

目前,关于超细硫铝酸盐水泥基绿色快速加固材料的研究与发展处于初期阶段,尚未实现规模化推广应用。这主要是由于超细硫铝酸盐水泥基绿色快速加固材料还存在以下问题与挑战。

一是超细硫铝酸盐水泥基绿色快速加固材料的材料组成、水化硬化微结构与性能的关系尚不十分清楚。超细硫铝酸盐水泥基绿色快速加固材料主要由硫铝酸盐水泥熟料、石膏和石灰材料构成胶凝材料体系。它们在不同的组配情况下,水化硬化规律将发生显著变化,从而影响其性能的演变规律;另外,当选用不同晶型的石膏配制超细硫铝酸盐水泥基绿色快速加固材料时,不同晶型石膏溶解释放硫酸根离子的速率不同,同样会导致钙矾石等水化产物的形成和演变规律发展重大变化,进而引起性能的变化。因此,系统深入地研究超细硫铝酸盐水泥基绿色快速加固材料的组成、结构和性能的内在关联是超细硫铝酸盐水泥基绿色快速加固材料面临的关键理论问题之一,对于超细硫铝酸盐水泥基绿色快速加固材料的发展与应用具有重要的现实意义。

二是超细硫铝酸盐水泥基绿色快速加固材料的外加剂改性尚需深

入研究。超细硫铝酸盐水泥基绿色快速加固材料实质属于超细水泥的一种。为使其性能符合工程需求，采用外加剂对其实施改性十分关键。但目前关于超细硫铝酸盐水泥基绿色快速加固材料的改性多采用硅酸盐水泥用外加剂。由于与硅酸盐水泥不同的矿物组成体系，导致超细硫铝酸盐水泥基绿色快速加固材料与现有水泥混凝土外加剂往往存在难以适应的问题。因此，深入研究各类外加剂对超细硫铝酸盐水泥基绿色快速加固材料水化硬化的影响规律，以便于进行合适的外加剂的选用，也是超细硫铝酸盐水泥基绿色快速加固材料面临的另一个关键问题与挑战。

三是超细硫铝酸盐水泥基绿色快速加固材料面临原材料短缺的问题。例如，石膏的问题。现有的超细硫铝酸盐水泥基绿色快速加固材料多采用天然石膏配制，但由于我国矿山资源限采限开以及环境保护的加强，天然石膏的来源逐渐受限，更多地利用工业副产石膏已经成为超细硫铝酸盐水泥基绿色快速加固材料未来的发展趋势[135-139]。但与天然石膏不同，许多工业副产石膏如磷石膏、盐石膏等含有较多的有害成分，这些有害成分的存在必然会影响超细硫铝酸盐水泥基绿色快速加固材料的水化反应历程和性能。而阐明这些有害成分的影响作用机理，对于推进工业副产石膏及其在超细硫铝酸盐水泥基绿色快速加固材料中的高效应用非常有必要。

四是涉及超细硫铝酸盐水泥基绿色快速加固材料的工程应用的相关理论问题尚需深入研究。例如，当超细硫铝酸盐水泥基绿色快速加固材料应用于煤矿破碎煤岩体加固时，为保证加固效果，除了超细硫铝酸盐水泥基绿色快速加固材料自身的性能要满足工程需求以外，还需要考虑超细硫铝酸盐水泥基绿色快速加固材料与煤岩体之间的黏结性能。这必然涉及二者之间所形成界面区的水化微结构、水化产物组成特征、形成机理等关键理论问题的研究[139-147]。

第 2 章　硫铝酸盐水泥基绿色快速加固材料颗粒特性影响研究

2.1　引言

　　硫铝酸盐水泥基绿色快速加固材料作为一种颗粒型加固材料，其颗粒的粒径大小对其浆体的可注性、稳定性、渗透性以及硬化体力学性能和体积变化性能有显著的影响。为此，本章主要研究细度和水灰比对硫铝酸盐水泥基绿色快速加固材料的影响，包括浆体的凝结时间、硬化体的力学性能和膨胀 – 收缩性能等性能随颗粒细度以及水灰比变化的发展规律。同时结合 DTA–TG、XRD 和 SEM 等多种微观测试方法，从钙矾石水化产物形成的角度，揭示硫铝酸盐水泥基绿色快速加固材料颗粒特性的影响机理。

2.2　实验原材料

　　实验过程中用到的原材料包括硫铝酸盐水泥熟料、天然硬石膏和生石灰。其中，熟料和硬石膏主要由焦作华岩水泥厂提供，生石灰则购自焦作博爱生石灰厂，其氧化钙有效含量为 70.3 wt%。表 2.1 ～表 2.3 分别为熟料和硬石膏的化学组成、矿物组成。

表 2.1 硫铝酸盐水泥熟料的化学成分 单位：wt%

Loss	SiO$_2$	Fe$_2$O$_3$	TiO$_2$	Al$_2$O$_3$	CaO	MgO	SO$_3$
0.17	6.36	1.27	1.77	38.27	40.23	1.15	8.88

表 2.2 硫铝酸盐水泥熟料的矿物组成 单位：wt%

C$_4$A$_3$$\bar{\text{S}}$	β–C$_2$S	C$_4$AF	f–SO$_3$	f–CaO	CaO·TiO$_2$
74.54	18.25	3.86	0.81	2.02	3.01

表 2.3 天然硬石膏的化学组成 单位：wt%

Loss	SiO$_2$	Fe$_2$O$_3$	MgO	Al$_2$O$_3$	CaO	SO$_3$	Alkali
6.14	1.04	0.18	2.64	0.23	38.63	50.11	0.12

为分析材料颗粒细度对硫铝酸盐水泥基绿色快速加固材料的影响。首先采用球磨机对各原材料进行球磨处理，分别制备得到比表面积为 350 m^2/kg 和 500 m^2/kg 的各原材料；同时，为获得超细粉体，继续采用型号为 FJM630 的流化床式气流磨（图 2.1）对各原材料进行超细加工，经比表面积检测，各超细粉体的比表面积为 878 m^2/kg。三种不同细度原料的粒度分布如图 2.2、图 2.3 和图 2.4 所示，尤其是制备的超细粉体，其中 95% 的颗粒粒径小于 10 μm，满足超细水泥的细度要求。三种细度硫铝酸盐水泥熟料的微观形貌如图 2.5 所示，从图 2.5（c）可以进一步看出，绝大多数的颗粒粒径小于 10 μm。

图 2.1 流化床式气流磨

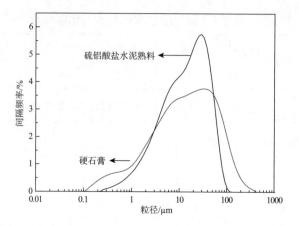

图 2.2 比表面积为 350 m²/kg 的熟料和硬石膏粒度分布

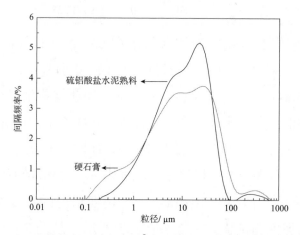

图 2.3 比表面积为 500 m²/kg 的熟料和硬石膏粒度分布

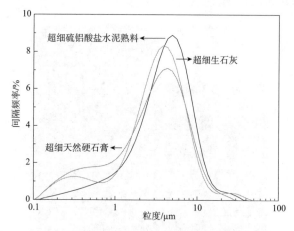

图 2.4 比表面积为 878 m²/kg 的超细粉体的粒度分布

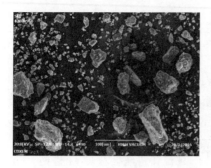 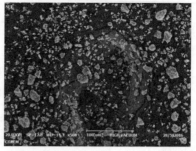

（a）比表面积为 350 m²/kg 的熟料　　（b）比表面积为 500 m²/kg 的熟料

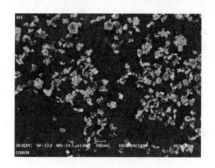

（c）超细熟料

图 2.5　三种细度熟料的微观形貌

2.3　测试方法

2.3.1　实验配合比

为分析颗粒粒径大小对硫铝酸盐水泥基绿色快速加固材料性能的影响，制定了表 2.4 所示的实验配合比。同时，由于水灰比对超细硫铝酸盐水泥基绿色快速加固材料的性能同样会产生显著影响，因此还就水灰比的影响制定了表 2.5 所示的实验配合比。

表 2.4　实验配合比 1

编号	A 料	B 料	水灰比
比表面积 −350	99 份比表面积为 350 m²/kg 的水泥熟料、1 份钠基膨润土	79.5 份和 19.5 份比表面积为 350 m²/kg 的硬石膏和生石灰、1 份钠基膨润土	0.6 ∶ 1

续表

编号	A 料	B 料	水灰比
比表面积 –500	99 份比表面积为 500 m²/kg 的水泥熟料、1 份钠基膨润土	79.5 份和 19.5 份比表面积为 500 m²/kg 的硬石膏和生石灰、1 份钠基膨润土	0.6∶1
超细试样	99 份超细水泥熟料、1 份钠基膨润土	79.5 份和 19.5 份超细硬石膏和超细生石灰、1 份钠基膨润土	0.6∶1

表 2.5　实验配合比 2

编号	A 料	B 料	水灰比
0.8– 试样	100 份超细硫铝水泥熟料	超细天然硬石膏 80 份、超细生石灰 20 份	0.8
1.0– 试样	100 份超细硫铝水泥熟料	超细天然硬石膏 80 份、超细生石灰 20 份	1.0
1.2– 试样	100 份超细硫铝水泥熟料	超细天然硬石膏 80 份、超细生石灰 20 份	1.2
1.5– 试样	100 份超细硫铝水泥熟料	超细天然硬石膏 80 份、超细生石灰 20 份	1.5

2.3.2　凝结时间测试

　　根据设定的实验配合比，称量各种原材料，然后按照设定的水灰比，采用水泥净浆搅拌机分别拌制 A、B 两种浆液，随后再次采用水泥净浆搅拌机对 A、B 两种浆液进行等比例混合，搅拌均匀后即可制备得到系列硫铝酸盐水泥基绿色快速加固材料混合浆液。随后，参照《水泥标准稠度用水量、凝结时间、安定性检验方法》（GB/T 1346—2011），测试各浆液的初凝时间和终凝时间。

2.3.3　力学性能测试

将制备的系列硫铝酸盐水泥基绿色快速加固材料成型为 40 mm ×
40 mm × 40 mm 的试件，随后将试件放置于温度为 20℃、相对湿度为
95% 的环境条件下进行标准养护，直至达到规定龄期后，进行抗压强
度测试。实验采用的电子万能力学试验机如图 2.6 所示。

图 2.6　电子万能力学试验机

2.3.4　膨胀 – 收缩性能测试

为测试颗粒细度和水灰比对硫铝酸盐水泥基绿色快速加固材料硬
化体膨胀 – 收缩性能的影响，继续将制备得到的浆体成型为 40 mm ×
40 mm × 160 mm 试件，成型后，立即将试件连同试模放置于 20℃、相
对湿度为 95% 的标准养护室进行标准养护，经过 2 h 后对试件进行脱
模处理。试件脱模后，立即测量和记录其初始长度(精确至 1 μm)，随后，
将试件放置于图 2.7 所示的自制膨胀 – 收缩测试装置中，观察和记录
试件尺寸随龄期的变化趋势，以此来反映试件的膨胀 – 收缩特征变化
规律。

图 2.7　膨胀－收缩测试装置

2.3.5　水化热测试

　　水泥基材料领域经常通过测试其水化放热规律来反映和揭示其性能的演变发展规律，特别是对于硫铝酸盐水泥基绿色快速加固材料而言，其一般具有放热快、放热量集中等特点，因此十分适合采用水化热法来探索其性能的演变与发展。为此，本节采用型号为 TAM Air 的水化微量热仪测试各硫铝酸盐水泥基绿色快速加固材料试样的水化放热曲线，包括放热速率和累计放热量。具体测试过程为：首先按照设定的配合比称量各原材料，并将其放置于标准玻璃试样瓶内，随后，将拌合水由微型注射器注入玻璃试样瓶，待完全注入，打开测试软件，边搅拌试样边记录各试样在 24 h 内的水化放热曲线和数据。

2.3.6　DTA–TG、XRD 和 SEM 测试

　　为揭示颗粒细度和水灰比对硫铝酸盐水泥基绿色快速加固材料性能的影响，继续对各试样进行 DTA–TG、XRD 和 SEM 测试。具体步骤为：各试样的力学性能测试完毕后，立即提取破型后试样的芯部，采用无

水乙醇对其进行浸泡以终止水化反应。48 h 后，将各试样取出，并采用真空干燥箱对各试样进行真空干燥，真空干燥条件为温度 35℃、真空度 0.1。再继续对干燥后的各试样进行粉磨并过 0.08 μm 方孔筛处理从而获得各待测粉体试样。随后，采用北京恒久公司生产的 DTA-TG 同步热分析测试仪对各试样进行同步热分析测试，设置测试条件为空气气氛，温升速率为 10℃/min。采用 X 射线衍射测试仪测试各试样的 XRD 衍射图谱，设定扫描范围为 5°～70°，扫描速率为15°/min。此外，对真空干燥后的各试样进行表面喷金处理，采用 CARL Zeiss SEM-EDS 型号的扫描电子显微镜对其进行微观形貌观测。

2.4　结果与讨论

2.4.1　水化热

图 2.8 为三种细度硫铝酸盐水泥基绿色快速加固材料对水化放热速率影响的测试结果。可以看出，硫铝酸盐水泥基绿色快速加固材料的水化放热规律与硅酸盐水泥有显著区别。一旦遇水，各组试样便迅速发生水化反应并直接进入水化加速期，水化放热速率仅在 0.3 h 便可迅速达到峰值放热速率。不同于硅酸盐水泥，硫铝酸盐水泥基绿色快速加固材料不存在所谓的水化诱导期。硫铝酸盐水泥基绿色快速加固材料的这种放热规律也反映了其快硬早强的性能特征。并且，硫铝酸盐水泥基绿色快速加固材料的颗粒越细，放热速率峰值相应地也越大。特别是经过超细化处理后的硫铝酸盐水泥基绿色快速加固材料，由于其颗粒表面积大，颗粒与水的接触面积大大增加，导致其水化反应进程大大加快，其峰值放热速率更是高达 270 J/gh，与细度为 350 m²/kg 的试样对比，放热速率可显著提高 2.07 倍。

图 2.9 所示为拟合得到的各试样累计放热量结果。可以看出，由于较快的水化反应，三组试样遇水后便快速释放出大量的水化热。并且硫铝酸盐水泥基绿色快速加固材料的颗粒越细，早期（1.08 h 前）放出

的热量也越多。直到 1.08 h 后，比表面积为 500 m²/kg 的硫铝酸盐水泥基绿色快速加固材料的累计放热量开始达到和超过超细化硫铝酸盐水泥基绿色快速加固材料的累计放热量。在经历 14 h 的水化时长后，比表面积为 350 m²/kg 的试样的累计放热量达到了 171 J/g，此时其开始达到并超过超细化硫铝酸盐水泥基绿色快速加固材料的累计放热量。经历 24 h 水化时长后，三组试样的累计放热量相当，均在 213 J/g 附近。整体来看，经超细化处理后，硫铝酸盐水泥基绿色快速加固材料的早期累计放热量明显增大，放热量更加集中，相应地，后期放热量有所下降。

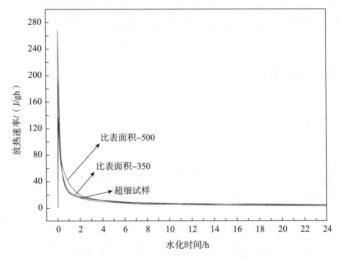

图 2.8 细度对硫铝酸盐水泥基绿色快速加固材料水化放热速率的影响

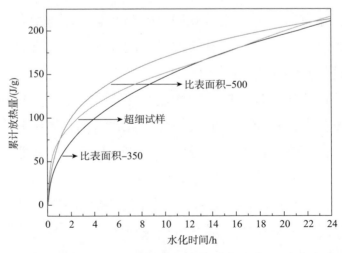

图 2.9 细度对硫铝酸盐水泥基绿色快速加固材料累计放热量的影响

图 2.10 为测试的水灰比对超细硫铝酸盐水泥基绿色快速加固材料水化放热速率的影响。可以看出，水灰比对超细硫铝酸盐水泥基绿色快速加固材料的水化放热存在显著不同的影响。当水灰比为 0.8 时，只检测到一个水化放热峰，经过约 0.065 h（3.9 min）水化时长后便达到了峰值放热速率 298 J/gh。继续提高水灰比值为 1.0，试样的放热速率变化过程变化不大，同样呈现出放热速率先增大后快速降低的趋势。然而，当增加水灰比至 1.2 时，试样的整体水化放热过程出现了较大的改变，此时存在 3 个放热峰。其中，在经历 0.078 h（4.68 min）水化时长后，达到第一个放热速率峰值，在 0.66 h（39.6 min）达到第二个放热速率峰值，经历 4.05 h 水化后，达到第三个放热速率峰值。继续提高水灰比至 1.5，试样的整个放热过程与 1.2 水灰比情况比较类似，同样存在三个较为明显的放热峰。三个放热峰值时刻分别为 0.1 h、1.03 h 和 3.17 h。之所以水灰比为 1.2 和 1.5 的试样的放热曲线中出现多个放热峰，可能是由于在较大的水灰比情况下，由于硬石膏溶解释放硫酸根离子的速度较慢，加之反应初期液相中消耗硫酸根离子形成钙矾石水化产物，反应液相中硫酸根离子浓度较低，从而导致在反应最初阶段生成的钙矾石又发生了分解转化为单硫型水化硫铝酸钙所造成的结果。

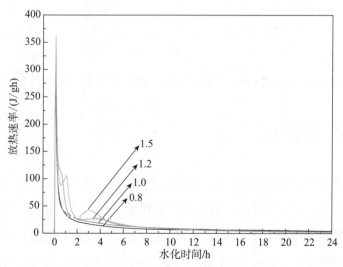

图 2.10   水灰比对超细硫铝酸盐水泥基绿色快速加固材料水化放热速率的影响

图 2.11 为累计放热量测试结果。可以看出，相同水化时长条件下，水灰比越大，超细硫铝酸盐水泥基绿色快速加固材料的累计放热量越多。以水化 24 h 的放热量为例，对于水灰比为 0.8 的试样，其 24 h 累计放热量达到了 285 J/g；而对于水灰比为 1.5 的试样，经历 24 h 水化后，累计放出 395.7 J/g 的水化热，是水灰比为 0.8 的试样的 1.39 倍。之所以增大水灰比会导致放热量显著增加，可能是由于在较大的水灰比条件下，超细粉体的分散程度较高，超细硫铝酸盐水泥熟料粒子、超细硬石膏和超细生石灰粒子能够更容易向液相中溶解释放各类反应离子，进而可以有效促进水化反应，从而造成在较大的水灰比情况下，超细硫铝酸盐水泥基绿色快速加固材料的累计放热量显著增大。

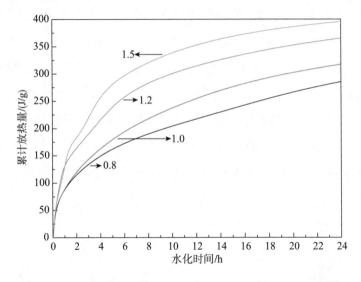

图 2.11　水灰比对超细硫铝酸盐水泥基绿色快速加固材料累计放热量的影响

2.4.2　凝结时间

图 2.12 为细度对硫铝酸盐水泥基绿色快速加固材料初凝时间和终凝时间的影响。可以看出，由于细度的增大，显著加快了硫铝酸盐水泥基绿色快速加固材料的早期水化反应，致使加固材料浆体的初凝时间和终凝时间显著缩短。例如，经过超细化处理后的硫铝酸盐水泥基

绿色快速加固材料，初凝时间为 3 min、终凝时间为 5 min，相比于比表面积为 500 m^2/kg 的试样，分别缩短了 3 min 和 11 min，相比于比表面积为 350 m^2/kg 的试样，更是分别显著缩短 12 min 和 32 min。由此可见，超细硫铝酸盐水泥基绿色快速加固材料快速凝结硬化的特征，可以很好地满足各类快速抢修、堵水等工程的需求。

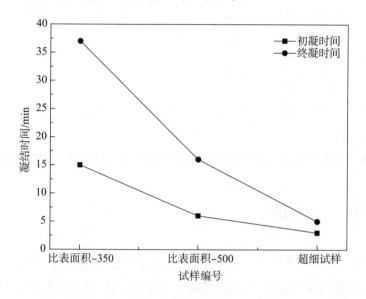

图 2.12　细度对硫铝酸盐水泥基绿色快速加固材料凝结时间的影响

图 2.13 为测试的水灰比对超细硫铝酸盐水泥基绿色快速加固材料凝结时间的影响。可以看出，整体上水灰比对于超细硫铝酸盐水泥基绿色快速加固材料的初凝时间和终凝时间影响不大。控制水灰比为 0.8 时，加固材料浆体的初凝时间和终凝时间分别为 5 min 和 7 min。调整水灰比为 1.5 时，相比于 0.8 水灰比，浆体的初凝时间和终凝时间分别仅延长 3 min 和 4 min。之所以浆体的凝结时间随着水灰比的增大有所延长，这主要是由于水灰比的增大，使得凝结硬化的浆体中生成的钙矾石水化产物之间的距离较远，搭接程度较低，从而导致浆体的初凝时间和终凝时间出现了轻微的延长。尽管如此，在水灰比高达 1.5 的情况下，超细硫铝酸盐水泥基绿色快速加固材料仍然具备快速凝结硬化的特性。

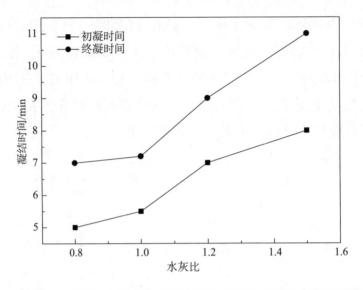

图 2.13 水灰比对超细硫铝酸盐水泥基绿色快速加固材料凝结时间的影响

2.4.3 力学性能

图 2.14 为不同细度的硫铝酸盐水泥基绿色快速加固材料硬化结石体在不同龄期的抗压强度测试结果。可以看出，随着水化龄期的不断增加，整体上，各试样硬化结石体的抗压强度显著增大。所不同的是，对于经过超细化处理的试样，其在 28 d 龄期时的抗压强度出现了显著的倒缩。在水化早龄期阶段，细度越大，试样的抗压强度也越大。经过 4 h 水化龄期后，对于比表面积为 350 m²/kg 和 500 m²/kg 的试样，抗压强度分别为 12 MPa 和 18.5 MPa，而经过超细化处理的试样，其 4 h 龄期抗压强度显著高达 25 MPa，分别达到了两种普通粒径加固材料试样的 2.08 倍、1.35 倍。由此可见，由于超细化处理导致颗粒粒径的显著减小，使得硫铝酸盐水泥基绿色快速加固材料早期水化反应大大加速，致使其硬化体内在早期可以生成更多的水化产物，相应地，早期力学性能显著提高。

由图 2.15 可知，在 0.8 ～ 1.5 水灰比范围内，超细硫铝酸盐水泥基绿色快速加固材料的抗压强度随着水化龄期的延长逐渐增大，且各试样在 28 d 的抗压强度没有发生倒缩。0.8 水灰比时，超细硫铝酸盐水泥基绿色快速加固材料的 4 h 龄期强度为 9.6 MPa，水化至 28 d 时，强度又显著增加至 24 MPa。相同龄期情况下，超细硫铝酸盐水泥基绿色快速加固材料的强度出现了显著的下降。例如，4 h 龄期，水灰比为 0.8 时，超细硫铝酸盐水泥基绿色快速加固材料的强度为 9.6 MPa，但增加水灰比至 1.5 时，试样的强度显著下降至 2.8 MPa，降幅为 70.8%。

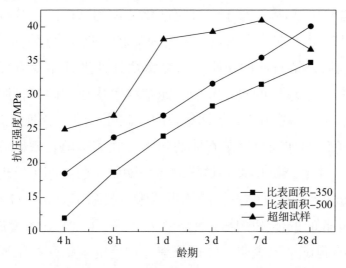

图 2.14　细度对硫铝酸盐水泥基绿色快速加固材料抗压强度的影响

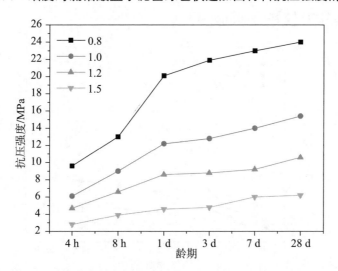

图 2.15　水灰比对超细硫铝酸盐水泥基绿色快速加固材料抗压强度的影响

2.4.4 膨胀－收缩性能

图 2.16 为材料的颗粒粒径大小对硫铝酸盐水泥基绿色快速加固材料膨胀－收缩性能的影响。可见，快速加固材料硬化结石体随着水化龄期的不断延长而发生了显著的膨胀现象。水化至 4 h 龄期时，对于比表面积为 350 m²/kg 和 500 m²/kg 的试样结石体，首先出现轻微的收缩，继续延长水化龄期后，结石体的体积开始发生膨胀，膨胀－收缩率几乎呈线性增加的趋势。对于经过超细化处理的试样，其结石体体积在 4 h 龄期到 28 d 龄期范围内始终表现为膨胀－收缩率逐渐增加的趋势，但 7 d 龄期后，结石体的膨胀－收缩率增长速度开始变得缓慢。这可能是由于超细处理后的硫铝酸盐水泥基绿色快速加固材料涉及钙矾石形成的反应主要集中在 7 d 龄期导致的。此外，同一龄期下，硫铝酸盐水泥基绿色快速加固材料结石体的膨胀－收缩率随着颗粒粒径的下降逐渐增大。对比 28 d 龄期各试样的体积膨胀－收缩率可发现，比表面积为 350 m²/kg 的试样结石体的体积膨胀－收缩率为 0.0587%，而超细试样结石体此时的体积膨胀－收缩率达到了 0.462%，显著增加。膨胀－收缩性能的测试结果表明，经过超细处理后的硫铝酸盐水泥基绿色快速加固材料的硬化结石体具有显著的微膨胀特征，可以保证其在各注浆加固工程中有较好的加固效果。

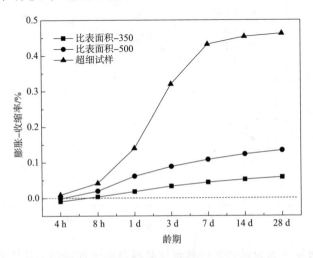

图 2.16 细度对硫铝酸盐水泥基绿色快速加固材料膨胀－收缩性能的影响

图 2.17 为水灰比对超细硫铝酸盐水泥基绿色快速加固材料膨胀 – 收缩性能的影响。可以看出，0.8 和 1.0 水灰比下，在 4 h 龄期超细硫铝酸盐水泥基绿色快速加固材料硬化结石体呈现轻微的收缩特征，继续延长水化龄期，硬化结石体才逐步表现出膨胀的特性。对于 1.2 和 1.5 水灰比情况下制备的试样，直到 8 h 水化龄期以后，超细硫铝酸盐水泥基绿色快速加固材料硬化结石体才表现出膨胀的现象。在 0.8 ~ 1.5 水灰比范围内，超细硫铝酸盐水泥基绿色快速加固材料结石体的膨胀 – 收缩率主要在 3 d 龄期以内增幅较大，超过 3 d 龄期后，各试样的体积膨胀 – 收缩率增幅均明显变小，直到 7 d 龄期，各试样硬化结石体的体积膨胀 – 收缩率几乎不再增加。最终，水化至 28 d 龄期时，对于水灰比为 0.8 的试样，其硬化结石体的体积膨胀率为 0.162%，而对于水灰比为 1.5 的试样，其 28 d 硬化结石体的膨胀 – 收缩率明显较低，仅为 0.0106%。

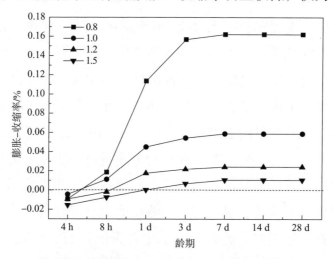

图 2.17　水灰比对超细硫铝酸盐水泥基绿色快速加固材料膨胀 – 收缩性能的影响

2.4.5　XRD 分析

图 2.18 所示为三种细度加固材料水化 4 h 龄期的 XRD 图谱。可以看出，经过 4 h 水化龄期，各硫铝酸盐水泥基绿色快速加固材料试样中均生成了大量的钙矾石水化产物。并且，对比三组试样的各个峰值发现，随着快速加固材料颗粒粒径的不断减小，钙矾石的生成量逐渐增大，相

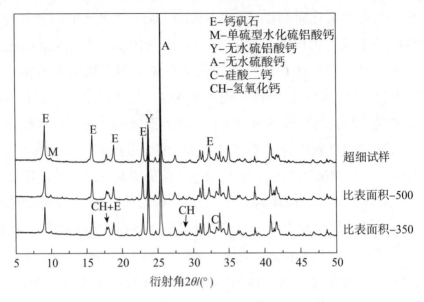

E-钙矾石
M-单硫型水化硫铝酸钙
Y-无水硫铝酸钙
A-无水硫酸钙
C-硅酸二钙
CH-氢氧化钙

超细试样

比表面积-500

比表面积-350

衍射角2θ/(°)

图2.18 不同细度试样水化4 h龄期的XRD图谱

应地，硫铝酸盐水泥熟料中无水硫铝酸钙和硬石膏中硫酸钙的特征峰强度则随着材料颗粒粒径的不断减小而逐渐降低。此外，从三组试样的特征峰来看，经过4 h水化龄期后，各试样中均生成了少量的单硫型水化硫铝酸钙（AFm）水化产物。为进一步分析细度的影响，又进一步测试了各试样在7 d龄期时的XRD图谱，如图2.19所示。可以看出，当水化至7 d龄期后，三组试样中钙矾石的生成量进一步显著增加，而无水硫铝酸钙和硬石膏的特征峰经过7 d水化反应后，几乎被消耗殆尽。特别是对于超细试样而言，其经过7 d龄期后，已经仅可以检测到微弱的无水硫铝酸钙的衍射峰。此外，对于比表面积为350 m²/kg和500 m²/kg的两组试样，经过7 d龄期还检测到二水石膏的衍射峰，这可能是由于硬石膏的溶解和转化造成的结果。

研究表明，硫铝酸盐水泥基绿色快速加固材料结石体早期强度发展较快和具有显著的膨胀特征，根本原因在于其在水化早期能够生成大量的细针状的钙矾石水化产物。实际上，在水泥基材料领域，钙矾石被认为是早期强度和发生膨胀的主要因素。特别是对于经过超细化处理的试样，由于颗粒粒径的减小可显著提高试样早期的水化反应速率，致使水化早期结石体中钙钒石的生成数量显著增多，结果便是显著提高结石体的早期强度和表现出显著的体积膨胀特征。

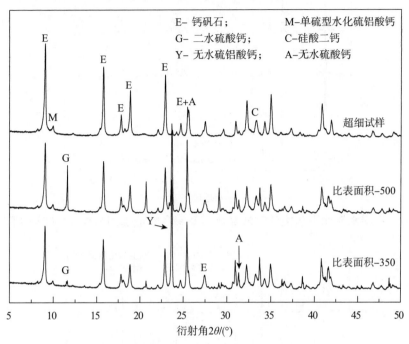

E– 钙矾石；　　　　　M–单硫型水化硫铝酸钙
G– 二水硫酸钙；　　　C–硅酸二钙
Y– 无水硫铝酸钙；　　A–无水硫酸钙

图 2.19　不同细度试样水化 7 d 龄期的 XRD 图谱

图 2.20 和图 2.21 为不同水灰比下，超细硫铝酸盐水泥基绿色快速加固材料水化 4 h 和 7 d 的 XRD 衍射图谱。由图 2.20 可以看出，随着水灰比不断增加，钙矾石的特征峰表现出逐渐增强的趋势。表明在较大水灰比情况下，对于促进和加快钙矾石的生成十分有利。相应地，随着水灰比的增大，硫铝酸盐水泥熟料中无水硫铝酸钙矿物和硬石膏中硫酸钙矿物的衍射峰则逐渐减弱。另外，经过 4 h 水化龄期，四组试样中还均有少量的单硫型水化硫铝酸钙（AFm）生成。四组试样 7 d 龄期时的 XRD 图谱如图 2.21 所示。可见，经历 7 d 水化龄期后，无水硫铝酸钙矿物的衍射峰已经消失，表明此时其已经消耗殆尽。整体来看，超细硫铝酸盐水泥基绿色快速加固材料的水化产物种类并不会因水灰比的改变而改变，只是随着水灰比发生改变，钙矾石的生成规律和生成量有所变化。

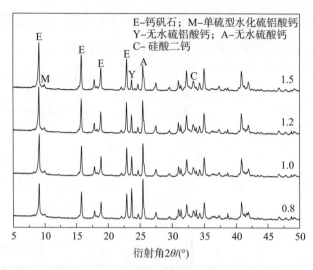

图 2.20　不同水灰比下超细硫铝酸盐水泥基绿色快速加固材料 4 h 龄期 XRD 图谱

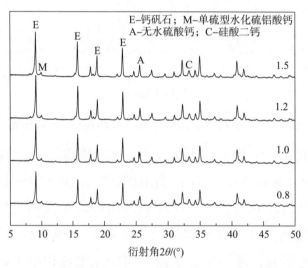

图 2.21　不同水灰比下超细硫铝酸盐水泥基绿色快速加固材料 7 d 龄期 XRD 图谱

2.4.6　DTA-TG 同步热分析

图 2.22、图 2.23 分别为三种细度快速加固材料在 4 h 和 7 d 水化龄期时的热分析测试结果。从图 2.22 可以看出，三组试样在经过 4 h 水化龄期后，均检测到了明显的钙矾石水化产物的吸热峰。并且，从 TG 曲线来看，钙矾石的生成数量明显随着快速加固材料细度的增大

而增加。这与 XRD 的分析结果一致。此外，在经过超细化处理的加固材料试样中，在 175℃附近还检测到了较为明显的单硫型水化硫铝酸钙吸热峰，在 270℃附近还检测到了铝胶（AH₃）的吸热峰。由图 2.23 可以看出，经过 7 d 水化龄期后，三组试样中，钙矾石的生成数量进一步增多。并且，超细试样中钙矾石的数量要远远高于普通颗粒细度的两组试样。此外，在两组普通细度试样中均检测到有二水石膏生成，这也和 XRD 的分析结果一致。对于超细试样，经过 7 d 水化龄期后，依然有单硫型水化硫铝酸钙存在。

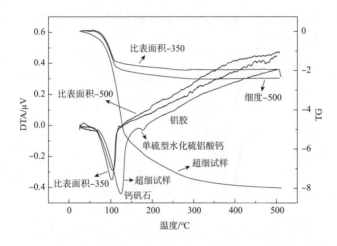

图 2.22　不同细度试样水化 4 h 龄期的 DTA–TG 曲线

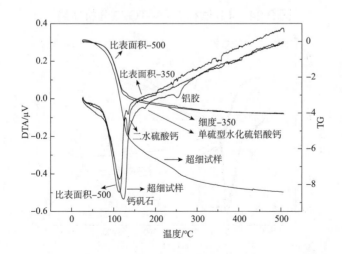

图 2.23　不同细度试样水化 7 d 龄期的 DTA–TG 曲线

　　图 2.24、图 2.25 分别为不同水灰比下超细硫铝酸盐水泥基绿色快速加固材料硬化结石体在 4 h 和 7 d 龄期时的同步热分析测试结果。由图 2.24 可知，经过 4 h 水化，各试样中的水化产物均为钙矾石、单硫型水化硫铝酸钙和铝胶，表明水灰比的改变并未改变水化产物的种类。并且随着水灰比的增大，钙矾石的生成数量显著增加。这与 XRD 的分析结果相一致。此外，XRD 测试中未检测到铝胶的衍射峰，说明铝胶主要表现为非晶态。图 2.25 为 7 d 龄期时各试样的热分析测试结果。可以看出，7 d 龄期时，各试样中的水化产物种类维持不变，未出现新的产物类型，不同的是，钙矾石的生成数量进一步增多。

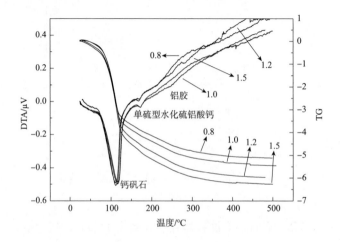

图 2.24　4 h 试样 DTA–TG 热分析曲线

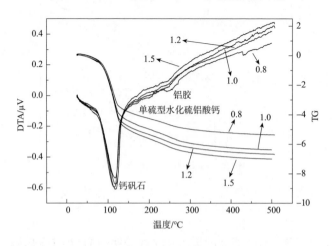

图 2.25　7 d 试样 DTA–TG 热分析曲线

2.4.7　微观形貌分析

为进一步分析颗粒细度对快速加固材料性能的影响机制，对三组不同细度试样在 28 d 水化龄期时的结石体试样进行了微观形貌分析，如图 2.26 所示。可见，颗粒细度变化时，硬化结石体的微观形貌结构差异比较明显，主要表现在钙矾石晶体的形貌特征有明显区别。由图 2.26（a）可以看出，在比表面积为 350 m²/kg 试样的结石体中，生成的钙矾石水化产物主要表现为两种形态特征，其一为细针状晶体形态，其二为带状晶体形态。另外还观察到呈球状的铝胶水化产物。整体上，微观结构不太密实，反映出结石体强度较低的特征。由图 2.26（b）可以看出，在比表面积为 500 m²/kg 试样的结石体中，生成的钙矾石主要以细针状为主，它们相互搭接交错且程度较高。由图 2.26（c）可以看出，在超细试样中，有大量呈絮状的水化硅酸钙凝胶生成，但未明显观察到钙矾石水化产物，可能是被水化硅酸钙凝胶覆盖所致。

（a）比表面积为 350 m²/kg 的试样　　　（b）比表面积为 500 m²/kg 的试样

（c）超细试样

图 2.26　不同细度试样 28 d 龄期结石体的 SEM 照片

图 2.27 为 0.8 和 1.5 水灰比下超细试样在 28 d 龄期结石体的微观形貌。可以看出，在水灰比为 0.8 时，结石体的微观结构比较密实，但也存在明显的裂缝。同时可以观察到大量水化硅酸钙凝胶水化产物，但未明显观察到钙矾石的存在，同样可能是被凝胶产物覆盖导致的结果。当水灰比为 1.5 时，结石体中明显观察到钙矾石主要表现为细针状和中空管状两种晶体形态。由于此时较大的水灰比，钙矾石晶体间间隙较大，搭接交错程度明显较低。反映出在 1.5 水灰比时，结石体的力学性能不佳。

（a）0.8 水灰比   （b）1.5 水灰比

图 2.27　不同水灰比下超细试样 28 d 龄期结石体的 SEM 照片

2.5　本章小结

本章主要研究了材料颗粒粒径大小和水灰比对硫铝酸盐水泥基绿色快速加固材料水化硬化性能的影响及机理，取得的重要结论如下。

（1）制备了三种不同颗粒粒径的硫铝酸盐水泥基绿色快速加固材料（D_{95} 分别为 $50\,\mu m$、$30\,\mu m$ 和 $10\,\mu m$）。随着加固材料颗粒的粒径不断减小，加固材料的早期水化反应显著加速，早期放热量显著增多。但水化 24 h 后，三组试样中总放热量相当。由于减小颗粒细度会促进早期水化反应，所以经超细化处理后，加固材料的初凝和终凝时间分别缩短至 3 min 和 5 min。

（2）超细化处理后，加固材料的早期抗压强度提高幅度明显。4 h 龄期时，加固材料的抗压强度达到了 25 MPa，相比于细度为 350 m²/kg 的试样，抗压强度提高了 1.08 倍。超细化处理后，硬化浆体的膨胀率也大大提高。28 d 龄期，超细试样的膨胀率达到了 0.462%，相比于细度为 350 m²/kg 的试样，膨胀率提高了 6.87 倍，这对于注浆加固十分有利。

（3）XRD 和 DTA-TG 的测试结果表明，钙钒石是最主要的水化产物之一。随着细度的增大，钙钒石的生成量逐渐增加。材料细度不同，钙钒石的形貌表现各异。28 d 龄期，比表面积为 350 m²/kg 的试样结石体中，钙钒石主要表现为细针状和带状两种晶体形态。在比表面积为 500 m²/kg 的试样结石体中，钙矾石水化产物主要呈现出细针状的形貌特征。对于超细试样结石体，微观结构十分密实，生成有较多数量的絮状水化硅酸钙凝胶水化产物。

（4）水灰比对于超细硫铝酸盐水泥基绿色快速加固材料的水化反应历程存在显著影响。水灰比越大，反应放热速率也越快，相应地，早期放热量也越大。当水灰比在 0.8 ～ 1.5 范围变化时，随着水灰比增大，快速加固材料浆体的凝结时间略有延长。

（5）增大水灰比可显著导致超细硫铝酸盐水泥基绿色快速加固材料的抗压强度逐渐降低。水灰比为 0.8 时，超细硫铝酸盐水泥基绿色快速加固材料的 4 h 龄期强度为 9.6 MPa，而对于水灰比为 1.5 的试样，其结石体强度仅为 2.8 MPa，降幅较大。0.8 ～ 1.5 水灰比下，超细硫铝酸盐水泥基绿色快速加固材料 28 d 龄期的抗压强度不倒缩。

（6）随着水灰比增大，超细硫铝酸盐水泥基绿色快速加固材料的膨胀率逐渐降低，但 28 d 龄期时，1.5 水灰比的试样仍然表现为微膨胀，膨胀率为 0.0106%。

（7）XRD、DTA-TG 和 SEM 的测试结果表明，水灰比不会改变试样中水化产物的类型。水化早龄期阶段，超细快速加固材料结石体中钙钒石的生成数量随着水灰比的增大显著增多。28 d 龄期，有 C-S-H 凝胶形成，并且随着水灰比的增大，C-S-H 凝胶的生成量逐渐减少。

SEM 测试结果表明，0.8 水灰比下，在经历 28 d 的水化龄期后，超细试样结石体中有大量絮状凝胶水化产物形成。对于水灰比在 1.5 情况下制备的结石体试样中，钙矾石的形貌主要以细针状和中空管状为主，钙矾石间的搭接程度明显较低。

第 3 章　超细硫铝酸盐水泥基绿色快速加固材料的组成、结构与性能

3.1　引言

在超细硫铝酸盐水泥基绿色快速加固材料中，钙矾石是最主要的水化产物，主要通过硫铝酸盐水泥熟料中的 $C_4A_3\bar{S}$、石膏中的 $CaSO_4$ 和生石灰中的 CaO 三者之间的水化反应形成。具体为 $C_4A_3\bar{S}$、$CaSO_4$ 和水之间首先反应生成钙矾石和副产物铝胶，铝胶再和石膏、石灰和水进一步反应形成细针状的钙矾石晶体水化产物。若体系中 $C_4A_3\bar{S}$、$CaSO_4$ 和 CaO 三者的质量比例发生变化，必然影响钙矾石等水化产物的形成和演变发展规律，进而显著影响超细硫铝酸盐水泥基绿色快速加固材料的凝结时间、早期强度、体积膨胀性能等物理力学性能。基于此，本章重点研究 $C_4A_3\bar{S}-CaSO_4-CaO$ 的比例关系对超细硫铝酸盐水泥基绿色快速加固材料水化产物的种类、数量、微观形貌等微结构特征的影响，建立 $C_4A_3\bar{S}-CaSO_4-CaO$ 的比例关系、超细硫铝酸盐水泥基绿色快速加固材料微观结构和宏观性能之间的关系，揭示 $C_4A_3\bar{S}-CaSO_4-CaO$ 的比例对超细硫铝酸盐水泥基绿色快速加固材料物理力学性能的影响作用机理。

3.2 实验原材料

实验用的超细硫铝酸盐水泥熟料、超细天然硬石膏和超细生石灰均与 2.2 节描述的相同。

3.3 测试方法

3.3.1 力学性能测试

根据试验设定的配合比制备系列超细硫铝酸盐水泥基绿色快速加固材料浆体，成型规格为 20 mm × 20 mm × 20 mm 的试件，放置于 (20±1)℃、相对湿度不小于 95% 的标准养护条件下养护，待拆模后继续养护至规定龄期，采用型号为 WDW−20 的电子万能力学试验机进行试样的抗压强度测试。

3.3.2 体积稳定性测试

将制备的超细硫铝酸盐水泥基绿色快速加固材料浆体，成型规格为 40 mm × 40 mm × 160 mm 的标准试件，成型后立即带模放入标准养护室进行养护，2 h 后脱模，采用游标卡尺测量并记录试样的初始长度（精确至 1 μm），然后立即采用图 2-8 所示的膨胀性测量装置测试试样的体积膨胀率随时间的变化规律，测试环境为温度(20±1) ℃、相对湿度 ≥ 95%。

3.3.3 孔隙率测试

将养护至规定龄期的 20 mm × 20 mm × 20 mm 试件置于无水乙醇中浸泡 48 h 以终止水化，然后将试样放入真空干燥箱中（温度 35℃、真空度 0.1）烘至绝干后进行称重，用游标卡尺测量烘干试样的尺寸（精确到 0.02 mm），采用排水法（为防止试样再次水化，用无水乙醇代替水）测量试样开孔体积，进而计算出试样的开孔孔隙率。

3.3.4　粉末 X 射线衍射测试

将养护至规定龄期的试样采用无水乙醇终止水化 24 h，在真空干燥箱中 35℃低温下烘至绝干。将干燥试样磨细并通过 0.063 mm 的方孔筛。采用 Bruker D8 Advance X 射线衍射仪（CuKa 射线，$k = 0.15406$ nm，步长为 0.02°，扫描范围为5°～70°，扫描速率为10°/min）对粉末试样进行物相分析。

3.3.5　DTA-TG 同步热分析测试

粉末试样经 X 衍射分析测试后，再次采用北京恒久同步热分析仪进行粉磨试样的 DTA-TG 同步热分析测试。测试条件为：升温速率10 ℃/min，空气气氛。

3.3.6　微观形貌和能谱分析测试

烘干处理后的试样进行破型处理，根据需求制备待测固体试样，喷金处理，采用 CARL Zeiss SEM-EDS（Germany）型号的扫描电镜仪器观测试样的微观结构特征，并对观测区域进行相应的能谱分析表征测试。

3.4　配合比设计

将$C_4A_3\bar{S}$、$CaSO_4$ 和 CaO 分别作为三角形的三个顶点，依据单纯形格子点设计表进行试验设计。单纯形格子试验设计要受到约束条件的限制，即所有组分的比例必须是非负的，且各组分的比例总和必须是 1。

同时，根据反应方程式（1.1），当 $C_4A_3\bar{S}$、$CaSO_4$ 和 CaO 三

者的含量正好完全反应生成钙矾石时，三者的质量比为$C_4A_3\overline{S}$：$CaSO_4$：$CaO = 610 : 1088 : 336$。其中，$C_4A_3\overline{S}$在三者中所占的质量分数为0.29999，约等于0.3。因此，$C_4A_3\overline{S}$的比例范围被控制在0.3～1.0。图3.1所示为各个组分在三角形格子点上的分布，表3.1为具体的试验配合比。

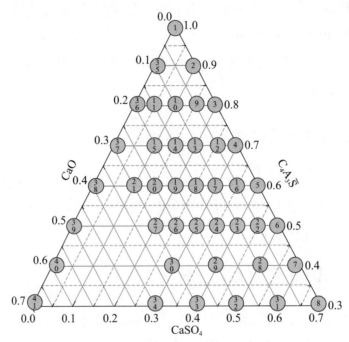

图3.1　三元体系配合比的云图表征

表3.1　试验配合比 　　　　　　　　　　单位：wt%

编号	CaSO	$C_4A_3\overline{S}$	CaO
1	0	100	0
2	10	90	0
3	20	80	0
4	30	70	0
5	40	60	0
6	50	50	0

编号	CaSO	$C_4A_3\bar{S}$	CaO
7	60	40	0
8	70	30	0
9	15	80	5
10	10	80	10
11	5	80	15
12	25	70	5
13	20	70	10
14	15	70	15
15	10	70	20
16	35	60	5
17	30	60	10
18	25	60	15
19	20	60	20
20	15	60	25
21	10	60	30
22	45	50	5
23	40	50	10
24	35	50	15
25	30	50	20
26	25	50	25
27	20	50	30
28	50	40	10
29	40	40	20
30	30	40	30
31	60	30	10

编号	CaSO	$C_4A_3\overline{S}$	CaO
32	50	30	20
33	40	30	30
34	30	30	40
35	0	90	10
36	0	80	20
37	0	70	30
38	0	60	40
39	0	50	50
40	0	40	60
41	0	30	70

3.5 早期力学性能在三角形等高线图上的分布特征

图 3.2 为 1.0 水灰比时不同$C_4A_3\overline{S}$： $CaSO_4$ ： CaO 比例（质量）下超细硫铝酸盐水泥基绿色快速加固材料结石体 4 h 龄期时的抗压强度在三角等高线图上的分布特征。可知，$C_4A_3\overline{S}$： $CaSO_4$ ： CaO 的比例对超细硫铝酸盐水泥基绿色快速加固材料结石体 4 h 龄期的抗压强度有着显著的影响。对于仅由硫铝酸盐水泥熟料和天然硬石膏（属Ⅱ型硬石膏）组成的超细硫铝酸盐水泥基绿色快速加固材料体系（编号分别为 2、3、4、5、6、7、8 的组分，位于图 3.2 所示三角形边界上），当体系中$C_4A_3\overline{S}$： $CaSO_4$ 的比例大于 70 ： 30 时（图 3.2 中黑色区域），经历 4 h 的水化龄期，浆体还未凝结硬化形成强度，当$C_4A_3\overline{S}$： $CaSO_4$ 的比例逐渐从 70 ： 30 向 30 ： 70 过程变化时，结石体的 4 h 抗压强度先增大后逐渐减小，当$C_4A_3\overline{S}$： $CaSO_4$ 的比例为 50 ： 50

时，超细硫铝酸盐水泥基绿色快速加固材料体系具有最大的 4 h 结石体抗压强度，但也仅达到了 2.4 MPa。由此可见，仅由硫铝酸盐水泥熟料和天然硬石膏组成的超细硫铝酸盐水泥基绿色快速加固材料体系并不具备早强的基本性能。对于仅由硫铝酸盐水泥熟料和生石灰组成的超细硫铝酸盐水泥基绿色快速加固材料体系，其结石体 4 h 抗压强度要明显高于以硫铝酸盐水泥熟料和天然硬石膏所组成的超细硫铝酸盐水泥基绿色快速加固材料体系，并且随着 $C_4A_3\overline{S}$: CaO 的比例从 90 : 10 至 30 : 70 的变化过程中，结石体 4 h 龄期抗压强度先增大后减小，当 $C_4A_3\overline{S}$: CaO 二者的比例为 70 : 30 时，达到最高的 4 h 抗压强度，为 6.5 MPa。

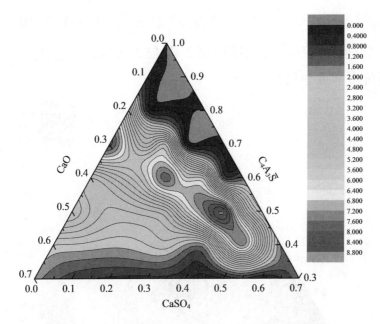

图 3.2　4 h 抗压强度在三角形云图上的分布特征

对于由硫铝酸盐水泥熟料、天然硬石膏和生石灰三者共同组成的超细硫铝酸盐水泥基绿色快速加固材料体系，从图 3.2 能够观察到，当体系中 $C_4A_3\overline{S}$ 的质量分数占 50% 时，加固材料的结石体 4 h 龄期的抗压强度明显较高（编号 22–24 所在区域）。但仍然要受到 $CaSO_4$ 和 CaO 掺量的影响。

对于$C_4A_3\bar{S}$占50 wt%的试样（编号为5、22、23、24、25、26、27），随着$CaSO_4$：CaO从50：0逐渐减小至20：30，硬化体的抗压强度表现出先增大后减小的趋势，其中$C_4A_3\bar{S}$：$CaSO_4$：CaO为50：40：10的组分具有最高的4 h抗压强度，为8.8 MPa。

3.6　早期钙矾石生成量在三角形等高线图上的分布特征

图3.3为4 h龄期钙矾石生成量在三角形等值线图上的分布。对于由硫铝酸盐水泥熟料和天然硬石膏组成的超细硫铝酸盐水泥基绿色快速加固材料体系，随着$C_4A_3\bar{S}$和$CaSO_4$质量比例的逐渐减小，钙矾石的生成量呈现出先增加后减少的趋势。$C_4A_3\bar{S}$：$CaSO_4$为50：50的组成，4 h龄期钙矾石的生成量最高，为25.5 wt%，相应地，该组试样4 h龄期抗压强度也最高。

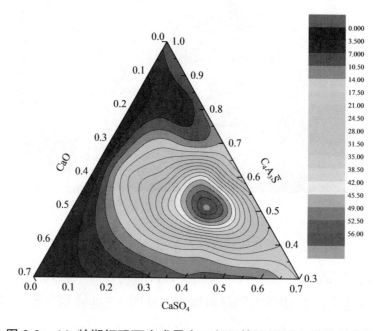

图3.3　4 h龄期钙矾石生成量在三角形等值线图上的分布特征

对于由硫铝酸盐水泥熟料和生石灰组成的超细硫铝酸盐水泥基绿

色快速加固材料体系，由于不包含天然硬石膏，因此其体系中 4 h 钙
矾石的生成量明显较少。通过热重分析以及 SEM 测试，发现其 4 h 龄
期水化产物主要以六方片状的单硫型水化硫铝酸钙和铝胶为主（图 3.4
和图 3.5 ），这表明，由硫铝酸盐水泥熟料和生石灰组成的超细硫铝酸
盐水泥基绿色快速加固材料体系，结石体的强度主要由单硫型水化硫
铝酸钙和铝胶提供。

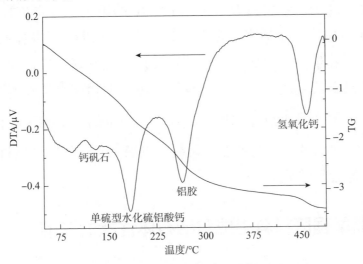

图 3.4　$C_4A_3\bar{S}$：CaO 为 70 ∶ 30 的二元体系 4 h 试样 DTA–TG 曲线

图 3.5　$C_4A_3\bar{S}$：CaO 为 70 ∶ 30 的二元体系 4 h 试样 SEM 形貌

对于由硫铝酸盐水泥熟料、天然硬石膏和生石灰三者共同组成的超细硫铝酸盐水泥基绿色快速加固材料体系，其 4 h 龄期钙矾石的生成量受体系中 $C_4A_3\bar{S}$：$CaSO_4$：CaO 比例的影响较大，但仍然以 $C_4A_3\bar{S}$ 质量占 50 wt% 时的组成较高，但通过对比发现 $C_4A_3\bar{S}$：$CaSO_4$：CaO 比例为 50：35：15 的组成（编号为 24 的试样）4 h 龄期钙矾石的生成量明显要高于三者比例为 50：40：10 的组成，但前者的 4 h 龄期抗压强度明显要小于后者，据此可以推断，在以硫铝酸盐水泥熟料、天然硬石膏和生石灰组成的超细硫铝酸盐水泥基绿色快速加固材料体系中，钙矾石的生成量并不是影响结石体早期物理力学性能的唯一因素。因此，下文将重点深入展开 $C_4A_3\bar{S}$ 占 50% 的高早强区域材料的组成与结构、材料的组成与性能的研究，以揭示高早强区域材料的组成、结构与性能之间的关系。

3.7 高早强区材料组成对结石体性能的影响

3.7.1 结石体抗压强度

选择高早强区域编号为 6、22、23、24 的四组试样作为研究对象。图 3.6 为测试的 1：1 水灰比下 $C_4A_3\bar{S}$：$CaSO_4$：CaO 分别为 50：50：0、50：45：5、50：40：10 和 50：35：15 四组试样结石体抗压强度随龄期的变化规律。可以看出，对 $C_4A_3\bar{S}$：$CaSO_4$：CaO 为 50：50：0 的试样，其 4 h 龄期强度仅为 2.4 MPa。当以 5% 的 CaO 取代 $CaSO_4$（即 $C_4A_3\bar{S}$：$CaSO_4$：CaO 为 50：45：5 的试样）时，4 h 龄期结石体的抗压强度显著增加。并且，随着 CaO 取代 $CaSO_4$ 比例的逐渐增大，结石体 4 h 抗压强度表现出先增大后减小的趋势。当以 10% 的 CaO 取代 $CaSO_4$（即 $C_4A_3\bar{S}$：$CaSO_4$：CaO

为 50 : 40 : 10 的试样）时，结石体具有最高的 4 h 抗压强度，为 8.8 MPa。继续养护至 1 d 龄期，四组试样的抗压强度进一步增加，但仍以 $C_4A_3\bar{S}$: $CaSO_4$: CaO 为 50 : 40 : 10 的试样为最高，此时结石体的抗压强度为 16.6 MPa。在 1 d ～ 7 d 龄期范围内，四组试样的抗压强度均维持在各自的水平没有明显的变化。水化 28 d 龄期，四组试样的抗压强度均进一步增大。

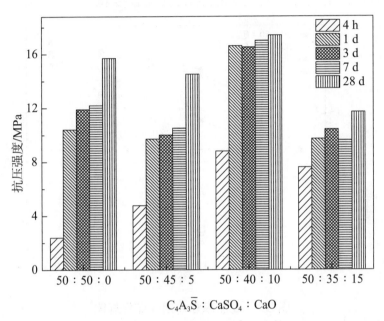

图 3.6　抗压强度随龄期的变化规律

3.7.2　结石体膨胀性能

图 3.7 为四组试样结石体体积膨胀率随龄期的变化规律。可以看出，对于 $C_4A_3\bar{S}$: $CaSO_4$: CaO 为 50 : 50 : 0 的试样，其结石体最初表现为收缩的特性，直到水化 7 d 龄期后，才表现为显著的膨胀特性。最终，其结石体 28 d 的膨胀率能够达到 1.37%。当以 5% 的 CaO 取代 $CaSO_4$（即 $C_4A_3\bar{S}$: $CaSO_4$: CaO 为 50 : 45 : 5 的试

样）时，结石体在水化初期阶段就表现出明显的膨胀性能。并且随着 CaO 取代 $CaSO_4$ 的比例增加，水化初期结石体的膨胀率相应地增大。对于 $C_4A_3\bar{S}$ ：$CaSO_4$ ：CaO 为 50 ：45 ：5 的试样，其结石体膨胀率在 3 d 龄期内能够保持以较高的幅度增大。对于 $C_4A_3\bar{S}$ ：$CaSO_4$ ：CaO 为 50 ：40 ：10 和 50 ：35 ：15 两组试样，其膨胀率在 1 d 龄期后几乎已经维持稳定，不再发生明显的变化。

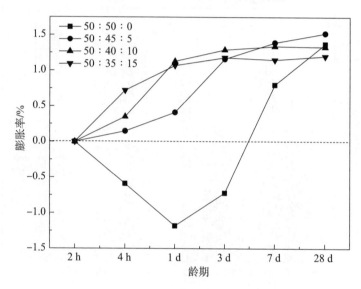

图 3.7　膨胀率随龄期的变化规律

3.7.3　结石体孔隙率

表 3.2 为测试的四组试样的孔隙率随龄期的变化规律。

表 3.2　结石体的孔隙率随龄期的变化规律

$C_4A_3\bar{S}$ ：$CaSO_4$ ：CaO	孔隙率 /%				
	4 h	1 d	3 d	7 d	28 d
50 ：50 ：0	62.2	40.2	39.1	38.9	30.4
50 ：45 ：5	55.4	41.3	40.1	39.7	32.6
50 ：40 ：10	49.1	38.4	37.9	37.7	28.7
50 ：35 ：15	53.5	42.8	42.5	42.4	32.5

水化 4 h ～ 1 d 龄期内，四组试样的孔隙率均随着龄期的延长显著降低。在 1 ～ 7 d 龄期内，四组试样的孔隙率均维持在各自的水平而不发生明显的变化，直到 28 d 龄期，4 组试样的孔隙率进一步减小。对比四组试样，4 h 龄期时，$C_4A_3\bar{S}$: $CaSO_4$: CaO 为 50 : 50 : 0 试样结石体的孔隙率较高，为 62.2%。当以 5% 的 CaO 取代 $CaSO_4$（$C_4A_3\bar{S}$: $CaSO_4$: CaO 为 50 : 45 : 5）后，结石体 4 h 的孔隙率下降至 55.4%。当 CaO 取代 10% 的 $CaSO_4$（$C_4A_3\bar{S}$: $CaSO_4$: CaO 为 50 : 40 : 10）后，结石体的孔隙率能够进一步降低至 49.1%。然而，继续增加 CaO 的掺量，当以 15% 的 CaO 取代 $CaSO_4$（$C_4A_3\bar{S}$: $CaSO_4$: CaO 为 50 : 35 : 15）后，结石体 4 h 的孔隙率则表现出了明显的上升趋势，达到了 53.5%。对比孔隙率和抗压强度的测试数据，可知结石体的孔隙率与抗压强度之间存在显著的对应关系，即结石体的孔隙率越低，抗压强度一般也越高。

3.8 高早强区材料组成对结石体微结构的影响

3.8.1 水化产物的热分析

图 3.8 为四组试样在水化 4 h、3 d、7 d、28 d 龄期时的同步热分析测试结果。四组试样的水化产物均以钙矾石和铝胶为主。其中，钙矾石的吸热峰在 50 ～ 120℃ 范围，275℃ 附近的吸热峰为铝胶胶体的吸热脱水。在 $C_4A_3\bar{S}$: $CaSO_4$: CaO 为 50 : 35 : 15 的试样中，还存在少量的单硫型水化硫铝酸钙，其吸热峰位于 170℃ 附近。

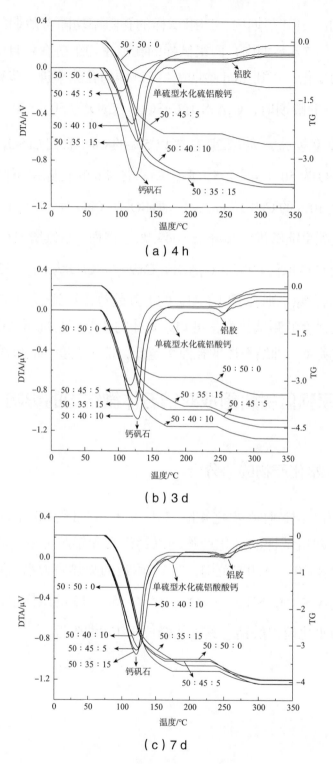

（a）4 h

（b）3 d

（c）7 d

图 3.8　同步热分析测试结果

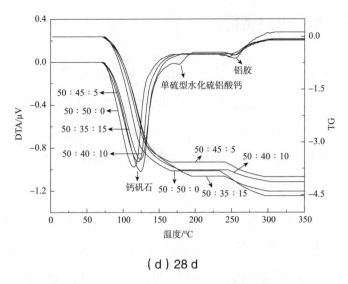

(d) 28 d

图 3.8　同步热分析测试结果（续）

Telesca A et al[52] 描述的方法，计算四组试样中钙矾石晶体的生成量随龄期的变化规律如图 3.9 所示。可以看出，水化 4 h 龄期，随着 CaO 取代 $CaSO_4$ 量的增加，钙矾石的生成量逐渐的增大。水化 3 d 龄期后，四组试样中钙矾石的数量几乎维持稳定，不再随龄期的变化出现明显的波动。

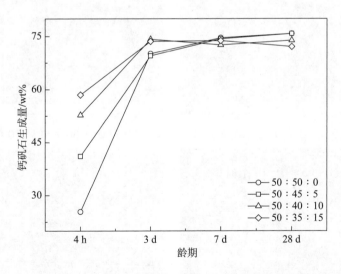

图 3.9　钙矾石晶体生成量随龄期的变化规律

3.8.2 微观形貌特征

图 3.10 和图 3.11 分别为四组试样 4 h 和 28 d 龄期的微观形貌。对于 $C_4A_3\bar{S}$：$CaSO_4$：CaO 为 50：50：0 的试样，其 4 h 龄期主要生成柱状钙矾石晶体，其中钙矾石晶体的长度约在 6～10 μm，这主要是由于该组试样没有掺入生石灰，钙矾石的形成速率慢，一般都生成较粗的长柱状晶体。对于 $C_4A_3\bar{S}$：$CaSO_4$：CaO 为 50：45：5、50：40：10 和 50：35：15 的三组试样，由于有生石灰的掺入，因此，其钙矾石晶体主要表现为细针状形态，长度约为 1～2 μm。从图 3.10（c）、（e）和（g）可以看出，随着 $CaSO_4$：CaO 比例的逐渐减小，钙矾石晶体的数量显著增多，同时孔隙的数量也明显增多。图 3.11（a）和（b）分别为 $C_4A_3\bar{S}$：$CaSO_4$：CaO 为 50：50：0 和 50：40：10 试样在 28 d 龄期的形貌图，可以看出，28 d 龄期后，明显有大量的絮状 C–S–H 凝胶水化产物生成，微观结构变得更加密实。

（a）50：50：0（2000 倍）　　　（b）50：50：0（5000 倍）

（c）50：45：5（2000 倍）　　　（d）50：45：5（7000 倍）

图 3.10　4 h 龄期各试样的微观形貌

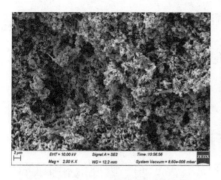

（e）50∶40∶10（2000 倍）　　　　　（f）50∶40∶10（7000 倍）

（g）50∶35∶15（2000 倍）　　　　　（h）50∶35∶15（7000 倍）

图 3.10　4 h 龄期各试样的微观形貌（续）

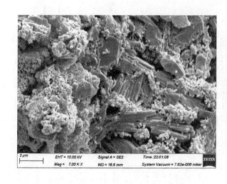

（a）50∶50∶0（7000 倍）　　　　　（b）50∶40∶10（7000 倍）

图 3.11　28 d 龄期各试样的微观形貌

3.9　超细硫铝酸盐水泥基绿色快速加固材料高早强区域的组成、结构和性能的关系分析

钙矾石的形成规律对于超细硫铝酸盐水泥基绿色快速加固材料的物理性能有着决定性的影响。对于 $C_4A_3\bar{S}$：$CaSO_4$：CaO 为 50：50：0 的试样，由于该组试样中不含 CaO，因此液相中 OH^- 的含量较少，碱度低，钙矾石的生成速率慢，且钙矾石多生长为长柱状形态，结石体的早期强度显著较低（图 3.6）。许多研究表明，长柱状的钙矾石晶体并不表现出明显的膨胀特征。因此，对于 $C_4A_3\bar{S}$：$CaSO_4$：CaO 为 50：50：0 的试样水化前期并不表现出膨胀特性（图 3.7），只是随着熟料中的 C_2S 矿物在后期水化生成氢氧化钙，导致细针状钙矾石晶体的形成，才有效引发结石体的膨胀特征。

对于 $C_4A_3\bar{S}$：$CaSO_4$：CaO 为 50：45：5、50：40：10 和 50：35：15 的三组试样，由于有 CaO 的存在，液相碱度高，早期钙矾石的生成速率明显加快，且早期生成的钙矾石表现为细针状形态，相应地，结石体早期力学性能增大以及显著引发结石体的早期膨胀。由图 3.9 可以看出，随着 $CaSO_4$：CaO 比例的逐渐增加，早期钙矾石的生成量明显增加，相应地，结石体的早期膨胀率也越高（图 3.7），结石体的早期膨胀率取决于早期钙矾石的生成量。

然而，对比图 3.6 和图 3.9 可知，超细硫铝酸盐水泥基绿色快速加固材料早期力学性能并不完全取决于早期钙矾石的生成量。对于 $C_4A_3\bar{S}$：$CaSO_4$：CaO 为 50：40：10 的试样，4 h 抗压强度显然高于编号 $C_4A_3\bar{S}$：$CaSO_4$：CaO 为 50：35：15 的试样，但前者 4 h 龄期钙矾石的生成量却显著低于后者。

为了分析其影响机理，根据图 3.8 所示各个龄期的热分析曲线计算了四组试样中钙矾石与铝胶胶体的质量比，如图 3.12 所示。

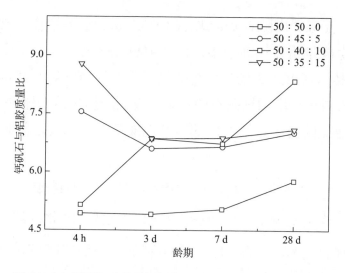

图 3.12　钙矾石与铝胶的质量比随龄期的变化（E/A）

可以看出，对于 $C_4A_3\overline{S}$ ∶ $CaSO_4$ ∶ CaO 为 50 ∶ 50 ∶ 0 的试样，其在 4 h ～ 7 d 龄期内，E/A 值始终维持在一个稳定值附近而不发生显著变化，这是由于该组试样中没有石灰参与反应，钙矾石晶体仅仅是通过 $C_4A_3\overline{S}$、$CaSO_4$ 和水之间的化学反应生成，因此，生成 1 mol 的钙矾石的同时便会产生 2 mol 的铝胶，钙矾石和铝胶之间是等比例析出的关系，因此二者的质量比例将维持不变。直到 7 d 龄期以后，随着体系中 C_2S 矿物的水化生成了氢氧化钙，氢氧化钙能够和体系中的 $CaSO_4$、铝胶之间进一步反应生成钙矾石，致使铝胶相对数量下降，最终导致其 28 d 龄期的 E/A 值相对增大。

对于 $C_4A_3\overline{S}$ ∶ $CaSO_4$ ∶ CaO 为 50 ∶ 45 ∶ 5、50 ∶ 40 ∶ 10、50 ∶ 35 ∶ 15 的三组试样，由于有 CaO 参与钙矾石形成反应，因此这三组试样的 E/A 值明显低于编号为 50 ∶ 50 ∶ 0 的试样。从 4 h 的 E/A 值来看，$C_4A_3\overline{S}$ ∶ $CaSO_4$ ∶ CaO 为 50 ∶ 40 ∶ 10 的试样的 E/A 值明显低于其他两组掺 CaO 的试样，也就是说，此时 $C_4A_3\overline{S}$ ∶ $CaSO_4$ ∶ CaO 为 50 ∶ 40 ∶ 10 的试样中胶体的相对含量较高。铝胶的作用在于能够有效填充空隙，增加结石体的密实度。根据图 3.10 观

测的结果，能够看出随着 CaO 取代 $CaSO_4$ 量的逐渐增加，早期结石体的钙矾石生成量明显逐渐增多，但孔隙也显著增多。这主要是由于过多的 CaO 掺入能够和铝胶反应生成钙矾石，导致钙矾石数量增加，铝胶含量相对减小。增加钙矾石的数量，有利于提高结石体的力学性能，但孔隙的增加则会导致结石体的力学性能变差，二者之间是相互矛盾的关系。

对于$C_4A_3\overline{S}$：$CaSO_4$：CaO 为 50：45：5 的试样，由于其早期钙矾石的生成量要少于其他两组掺 CaO 的试样，因此，其早期力学性能较差。对于$C_4A_3\overline{S}$：$CaSO_4$：CaO 为 50：35：15 的试样，尽管其在三组掺 CaO 试样中有着最高的早期钙矾石生成量，但由于其铝胶的相对含量较低，孔隙明显较多，因而其早期的力学性能并未达到最佳。对于$C_4A_3\overline{S}$：$CaSO_4$：CaO 为 50：40：10 的试样，尽管其早期钙矾石生成量要显著低于$C_4A_3\overline{S}$：$CaSO_4$：CaO 为 50：35：15 的试样，但是前者早期的铝胶相对含量却要显著高于后者，前者的结构要比后者更加密实，因此，$C_4A_3\overline{S}$：$CaSO_4$：CaO 为 50：40：10 的早期力学性能要优于$C_4A_3\overline{S}$：$CaSO_4$：CaO 为 50：35：15 的试样。

上述分析进一步表明，超细硫铝酸盐水泥基绿色快速加固材料的早期力学性能不仅与钙矾石的生成量有关，铝胶的相对含量同样也是十分重要的影响因素。

3.10　本章小结

本章主要研究$C_4A_3\overline{S}$：$CaSO_4$：CaO 比例关系对超细硫铝酸盐水泥基绿色快速加固材料结构和性能的影响，得出的主要结论如下。

（1）利用三角形等高线法确定了$C_4A_3\overline{S}$：$CaSO_4$：CaO 与超细硫铝酸盐水泥基绿色快速加固材料早期力学性能的关系，结果表明当

$C_4A_3\overline{S}$ 比例占 50% 时，结石体具有较高的早期力学性能，但仍然会受到 $CaSO_4$ ： CaO 比例的影响。

（2）通过研究超细硫铝酸盐水泥基绿色快速加固材料高早强区域材料组成、性能与结构的关系，发现超细硫铝酸盐水泥基绿色快速加固材料结石体的膨胀性能与钙矾石的数量之间存在显著的对应关系，早期钙矾石的生成量越多，结石体的早期膨胀率也越大。

（3）钙矾石和铝胶质量比的分析结果表明，当 $C_4A_3\overline{S}$ ： $CaSO_4$ ： CaO 为 50 ： 40 ： 10 时，早期钙矾石的数量和铝胶的相对含量均较高，结石体具有最佳的早期力学性能，即高早强区域超细硫铝酸盐水泥基绿色快速加固材料结石体早期力学性能不仅要受到早期钙矾石的生成量的影响，铝胶的相对含量同样是另一个十分重要的影响因素。

第 4 章 石膏类型对超细硫铝酸盐水泥基绿色快速加固材料水化硬化性能的影响及机理分析

4.1 引言

常见的石膏类型有二水石膏和硬石膏两大类，其中硬石膏又分为可溶性硬石膏（Ⅲ型硬石膏）和难溶性硬石膏（Ⅱ型硬石膏）。不同的石膏类型，有不同的溶解速度和溶解度。因此，在利用不同类型的石膏制备硫铝酸盐水泥基材料时，钙矾石的形成规律以及材料的性能差异很大。

例如，黄炳银 等[148] 分别采用半水石膏、硬石膏和二水石膏，研究了石膏溶解特性对无水硫铝酸钙水化进程的影响，并基于 Krstulovic-Dabic 和 Kondo 模型，计算水化反应各阶段的动力学参数。结果表明半水石膏的溶解速率最大，其次是二水石膏，硬石膏的最小。石膏的加入可缩短无水硫铝酸钙水化诱导期进而加快水化进程，其中半水石膏表现最为显著，水化热曲线几乎不存在诱导期，二水石膏次之，硬石膏对诱导期的影响最小；加速期初期的水化反应速率常数从小到大为硬石膏体系、二水石膏体系、半水石膏体系。石膏的溶解速率和溶解度影响钙矾石的形成过程，溶解速率大的石膏可促使水化早期钙矾石沉淀出现，生成量快速达到最大值；且在相同时间内，溶解度高的石膏体系钙矾石生成量大。在水化 1 h 时，半水石膏体系中钙矾石的生成量约占试样总量的 15.77%（质量分数），二水石膏体系中钙矾石的生成量占 13.28%（质量分数），硬石膏体系中钙矾石的生成量仅占 3.60%（质量分数）。

张杰 等[149] 研究了石膏品种对无水硫铝酸钙 – 氧化钙类膨胀剂膨胀性能的影响，结果表明：在水养转干空情况下，二水石膏制备的膨胀剂限制膨胀率以及后期膨胀收缩落差率都优于硬石膏；在绝湿条件下，硬石膏制备的膨胀剂限制膨胀率以及后期膨胀收缩落差率都优于二水石膏。

王硕 等[150] 研究了硫铝酸盐水泥力学和膨胀性能与石膏种类的关系，结果表明，含无水石膏的硫铝酸盐水泥抗压强度要大于含二水石膏的硫铝酸盐水泥；石膏掺量较多（石膏与硫铝酸钙摩尔比为 1.5）时，二水石膏对于发挥水泥膨胀性能的贡献较大，掺量较低（石膏与硫铝酸钙摩尔比为 0.5 和 1.0）时，两种石膏对于促进膨胀率发展的作用相差不大，二水石膏对于促进硫铝酸盐熟料水化的效果比无水石膏要好。

余保英 等[151] 分别以硬石膏、二水石膏和磷石膏制备了超硫酸盐水泥，以研究石膏种类对超硫酸盐水泥水化行为的影响，结果发现，三种类型超硫酸盐水泥 3 d 抗压强度均为 14 MPa 左右；磷石膏基超硫酸盐水泥 28 d、90 d 抗压强度分别为 41.2 MPa、49.1 MPa，明显高于其他两种水泥。超硫酸盐水泥早期强度主要受水化速率的影响。后期强度测试结果表明，磷石膏的激发效果优于硬石膏及二水石膏，用其制备的水泥浆体后期形成更多的水化硅酸钙与钙矾石，硬化浆体更加密实。

基于石膏类型的影响巨大，本章重点研究了石膏种类对超细硫铝酸盐水泥基绿色快速加固材料体系中钙矾石的形成速率、生成量、形貌、尺寸及分布等特征的影响规律，阐明了钙矾石的形成规律与超细硫铝酸盐水泥基绿色快速加固材料物理力学性能和膨胀性能的关系，从而揭示了石膏类型对超细硫铝酸盐水泥基绿色快速加固材料水化硬化行为的影响机理。同时，从石膏溶解特性的角度出发，阐述了石膏类型对钙矾石形成规律的作用机理。

4.2 实验原材料

实验用超细硫铝酸盐水泥熟料和超细生石灰的来源、组成和粒度分布等与 2.2 节描述的相同。实验用二水石膏为成都市科龙化工试剂厂生产的分析纯石膏。将此二水石膏在 700℃下煅烧 4 h，得到实验用的Ⅱ型硬石膏。通过将二水石膏在 220℃下低温热处理 3 h 得到实验用的Ⅲ型硬石膏。再对三种类型石膏进行粉磨并过 25 μm 的筛得到实验用的三种超细石膏粉。三种类型石膏的 XRD 图谱如 4.1 图所示。

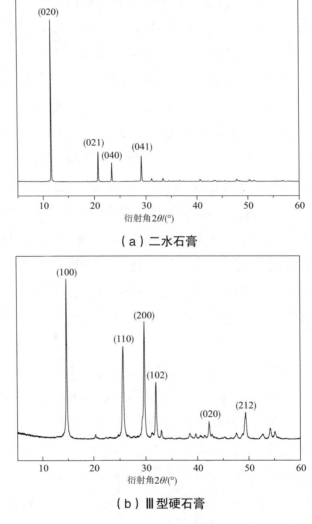

（a）二水石膏

（b）Ⅲ型硬石膏

图 4.1 实验用三种类型超细石膏的 XRD 图谱

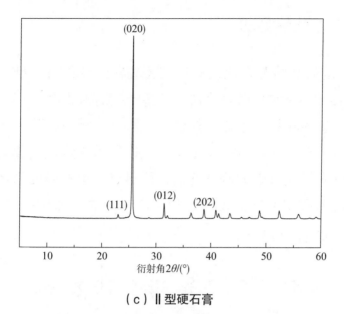

（c）Ⅱ型硬石膏

图 4.1 实验用三种类型超细石膏的 XRD 图谱（续）

4.3 超细硫铝酸盐水泥基绿色快速加固材料试样的制备

按照第 3 章确定的最佳配比，采用超细二水石膏、超细Ⅱ型硬石膏和超细Ⅲ型硬石膏分别拌制超细硫铝酸盐水泥基绿色快速加固材料浆体。水灰比设定为 1 : 1。将拌制好的各浆体分别成型为 20 mm × 20 mm × 20 mm 和 40 mm × 40 mm × 160 mm 的试件，分别用于力学性能和体积稳定性测试。

4.4 测试方法

4.4.1 物理力学性能测试

各试样的抗压强度测试与 3.3.1 节描述的方法相同。两组试样的体积稳定性测试方法同 3.3.2 节。

4.4.2 水化热测试

按照设定的试验配合比及测试相关参数计算称料重量及测试需水量，采用 TAM Air 水化微量热仪测试超细硫铝酸盐水泥试样在 24 h 内的水化放热速率和累计水化放热量。称料后，将原料放入测试标准玻璃瓶内，用玻璃瓶塞口自带的量水器抽取所需水量。接着将装有原料的玻璃瓶放入量热仪中的测试通道，待量热仪中的温度稳定后再注入水，采用电磁微型搅拌器搅拌均匀，同时测试其水化放热速率曲线，测试环境温度为(20 ± 1)℃。

4.4.3 XRD、DTA-TG、SEM 和 EDS 测试

分别采用与 3.3.4 节、3.3.5 节和 3.3.6 节描述的方法，对两组试样进行 XRD、DTA-TG、SEM 和 EDS 的表征测试。

4.4.4 孔溶液液相离子浓度测试

考虑到提取超细硫铝酸盐水泥基绿色快速加固材料结石体的孔溶液比较困难，特采用一种简易近似的方法。该方法是将结石体的可蒸发水近似地看作结石体的液相。为此，采用平衡试样预先测量出各个龄期试样中的可蒸发水量，采用固体萃取法进行试样的液相离子浓度测试。具体为：将终止水化并低温真空干燥后的试样进行磨细并通过 0.063 mm 的方孔筛制备粉末试样。称取 1 g 粉末试样加入 200 ml 固定量的新沸蒸馏水并快速搅拌 1 min，采用真空抽滤法获得待测的滤液。根据《水泥化学分析方法》（GB/T 176—2008）中所介绍的离子浓度测定方法，采用 EDTA 滴定法对滤液中的 Ca^{2+} 和 AlO_2^- 离子进行滴定测试。采用离子交换－中和法测定滤液中 SO_4^{2-} 离子的浓度。按照先前计算的各试样中的可蒸发水量和滤液中测得的各类离子浓度，通过换算计算求得结石体中液相真实的各类离子浓度。

严格来讲，这种测试孔溶液液相离子浓度的方法存在一定的误差，但是仍然能较为准确地反映出超细硫铝酸盐水泥基绿色快速加固材料结石体液相成分的变化趋势。

4.5　结果与讨论

4.5.1　水化放热

图 4.2 为测试的 1.0 水灰比下石膏类型对超细硫铝酸盐水泥基绿色快速加固材料水化放热历程的影响，表 4.1 为具体的放热参数。由水化放热过程可以得出如下结果。

表 4.1　各试样的水化放热特征参数

试样	第一个放热峰		第二个放热峰		24 h 累计放热量 /(J/g)
	时间 /h	放热速率 / (J/gh)	时间 /h	放热速率 / (J/gh)	
掺二水石膏	0.0739	653.3	4.54	29.6	425.1
掺Ⅱ型硬石膏	0.0660	413.4	1.58	71.8	312.0
掺Ⅲ型硬石膏	0.1	489.5	0.37	222.2	425.3

（1）从主放热峰峰值来看，掺二水石膏试样的主放热峰峰值速率最高，掺Ⅲ型硬石膏试样次之，而掺Ⅱ型硬石膏试样主放热峰值最小。

（2）按照达到最高放热峰值时间顺序排序，掺Ⅱ型硬石膏试样早于掺二水石膏试样早于掺Ⅲ型硬石膏试样。

（3）掺Ⅱ型硬石膏试样在经历 1.58 h 水化后，出现第二个较为明显的放热峰，掺Ⅲ型硬石膏在水化 0.369 h 后同样出现较明显的第二放热峰，水化放热速率峰值为 222.2 J/gh。掺二水石膏试样在水化 4.54 h 之后出现第二个放热峰，水化放热速率峰值为 29.6 J/gh。

（4）从累积放热曲线来看，掺二水石膏试样和掺Ⅲ型硬石膏试样在水化 1.16 h 前的累计放热量相当，并且显著高于掺Ⅱ型硬石膏试样。但 1.16 h 后，掺Ⅲ型硬石膏试样的放热量显著减少。水化 2.54 h 后，掺Ⅱ型硬石膏试样的累计放热量开始达到并超过掺Ⅲ型硬石膏试样。

（5）掺二水石膏试样和掺Ⅱ型硬石膏试样 24 h 累计放热量相当，均在 425 J/g 附近，而掺Ⅲ型硬石膏试样的 24 h 累计放热量仅为 312 J/g。

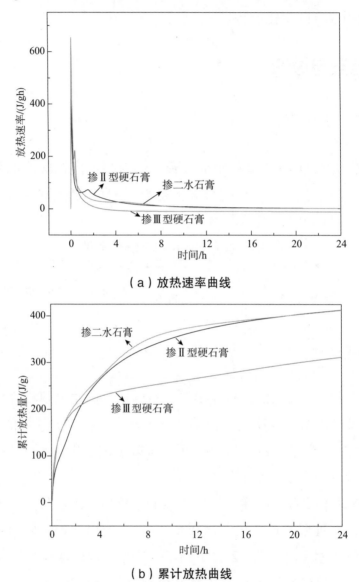

（a）放热速率曲线

（b）累计放热曲线

图 4.2　石膏类型对超细硫铝酸盐水泥基绿色快速加固材料水化放热的影响

　　超细硫铝酸盐水泥基绿色快速加固材料的早期水化放热主要与钙矾石的形成有关。当石膏溶解和释放 SO_4^{2-} 速率较快时，钙矾石的生成速率一般也相对较快，相应地，超细硫铝酸盐水泥基绿色快速加固材料将表现出快速放热的特征。为了分析二水石膏、Ⅲ型硬石膏和Ⅱ型硬石膏对超细硫铝酸盐水泥基绿色快速加固材料水化放热的影响机理，测试了三种类型石膏在饱和石灰水中的溶解速率。见表 4.2 可以看出，Ⅱ型硬石膏在饱和石灰水中的溶解速率最慢，经过 2 min 的溶解后，液相中 SO_4^{2-} 的浓度仅为 4.4 mmol/L，二水石膏在饱和石灰水中的溶解速率明显要大于Ⅱ型硬石膏，其经过 2 min 的溶解，释放至液相中 SO_4^{2-} 的数量是Ⅱ型硬石膏的 2.59 倍。Ⅲ型硬石膏在饱和石灰水中溶解 2 min 后，液相中 SO_4^{2-} 的浓度高达 21.5 mmol/L，远远高于二水石膏和Ⅱ型硬石膏。因此，按照溶解速率排序：Ⅲ型硬石膏 > 二水石膏 > Ⅱ型硬石膏。

表 4.2　饱和石灰水中三种类型石膏溶解释放 SO_4^{2-} 的速率（2 min）

石膏类型	二水石膏	Ⅱ型硬石膏	Ⅲ型硬石膏
SO_4^{2-} 浓度 /（mmol/L）	11.4	4.4	21.5

根据表 4.2 的测试结果，二水石膏向液相中溶解释放 SO_4^{2-} 的速率显著高于Ⅱ型硬石膏，可以推断，掺二水石膏试样中水化初期钙矾石的形成速率要快于掺Ⅱ型硬石膏试样，因此，掺二水石膏试样的峰值放热速率以及前期放热量要显著高于掺Ⅱ型硬石膏试样。Ⅲ型硬石膏在饱和石灰水中具有最快的溶解和释放 SO_4^{2-} 的速率，因此，相应地，掺Ⅲ型硬石膏试样必然具有最高的水化放热速率。然而，根据实际的放热测试结果，掺Ⅲ型硬石膏试样的最大放热速率却要显著低于掺二水石膏试样。同时，从累计放热曲线来看，发现掺Ⅲ型硬石膏试样的 24 h 累计放热量仅为 312 J/g，明显小于掺二水石膏和掺Ⅱ型硬石膏试样 24 h 的累计放热量。由此可以推断，选择Ⅲ型硬石膏将在很大程度上阻碍和延缓超细硫铝酸盐水泥基绿色快速加固材料的水化反应进程。原因可能是Ⅲ型硬石膏阻碍水化反应进程而导致掺Ⅲ型硬石膏试样最大放热速率要明显低于掺二水石膏试样的最大放热速率。对于Ⅲ型硬石膏是如何延缓体系水化反应进程的内在机理，将通过结合下文更多的测试与分析进行系统的阐明。

4.5.2 XRD 分析

采用 X 射线衍射技术测试掺二水石膏、II 型硬石膏和III型硬石膏三组试样的水化产物随龄期的变化规律，如图 4.3、图 4.4 和图 4.5 所示。

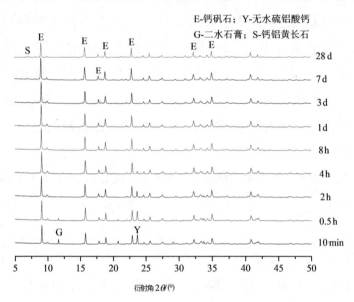

图 4.3　掺二水石膏试样各个龄期的 XRD 图谱

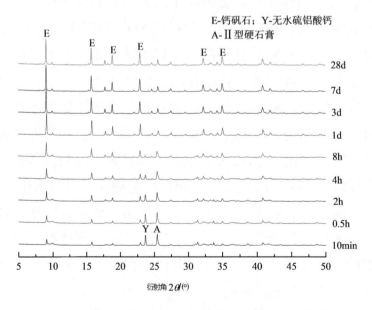

图 4.4　掺 II 型硬石膏试样各个龄期的 XRD 图谱

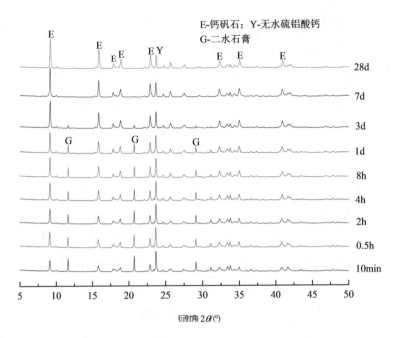

图 4.5　掺Ⅲ型硬石膏试样各个龄期 XRD 图谱

图 4.3 为掺二水石膏试样不同龄期的 XRD 图谱。可知,水化 10 min 就能检测到很强的钙矾石特征峰。此后,随着水化继续的深入,钙矾石的特征峰逐渐增强,但增幅较小。水化 4 h 以后,钙矾石的特征峰强不再明显增加。水化至 28 d 龄期,钙矾石的特征峰强出现了较为明显的降低,可能是由于部分钙矾石发生了分解转化所致。水化 2 h 后,已经无法检测到二水石膏晶体的特征峰,表明此时二水石膏晶体几乎已经消耗殆尽;同样地,随着水化龄期的延长,无水硫铝酸钙的特征峰强逐渐减小,直至 8 h 龄期后,无水硫铝酸钙的特征峰消失,表明此时其已经消耗殆尽。此外,水化至 7 d 龄期后,还检测到有少量的钙铝黄长石生成,钙铝黄长石主要通过体系中的 C_2S 和 AH_3 之间的反应生成[152]。

图 4.4 为掺Ⅱ型硬石膏试样不同龄期的 XRD 图谱。可以看出,水化 10 min,钙矾石的特征峰强度明显较弱。但随着水化龄期延长,钙矾石的特征峰强能够显著的增加。Ⅱ型硬石膏晶体的特征峰强则随着龄期延长逐渐减小,但水化 28 d 龄期,仍然能够检测到有Ⅱ型硬石膏剩余。无水硫铝酸钙矿物的特征峰强同样随着龄期延长逐渐减小,直

到水化 1 d 龄期后，消耗殆尽。此外，各个龄期下均未检测到二水石膏的特征峰，表明Ⅱ型硬石膏没有转变为二水石膏。

图 4.5 所示为掺Ⅲ型硬石膏试样在不同龄期下的 XRD 图谱。可以看出，随着龄期的延长，钙矾石的数量逐渐增多。水化 10 min，仅检测到了二水石膏的特征峰，而未检测到Ⅲ型硬石膏的特征峰，表明此时Ⅲ型硬石膏已经全部转变为二水石膏。随着龄期的延长，由Ⅲ型硬石膏转化形成的二水石膏的特征峰强逐渐变弱，直到 3 d 龄期二水石膏的特征峰强消失，表明此时其已消耗殆尽。同样地，无水硫铝酸钙矿物的特征峰强也随着龄期延长逐渐变弱，但直到 28 d 龄期，仍然能够检测到有大量无水硫铝酸钙矿物。由此可见，掺Ⅲ型硬石膏能够严重阻碍无水硫铝酸钙矿物的水化。

图 4.6 所示为钙矾石（100）晶面特征峰强随龄期的变化。可以得到如下分析结果。

（1）对于掺二水石膏试样，由于二水石膏相对较快的溶解速率，仅经过 10 min 的水化，便有大量的钙矾石形成。此后，钙矾石的数量随龄期继续增加，但增幅显著较小。直到水化 4 h 后，掺二水石膏试样中钙矾石的数量到达最大值。4 h ~ 7 d 龄期内，掺二水石膏试样中钙矾石的数量维持稳定，没有较为明显的波动。水化 28 d 龄期，钙矾石晶体的数量有所下降，可能是在水化后期，部分钙矾石晶体发生了分解转化。

（2）对于掺Ⅱ型硬石膏试样，由于Ⅱ型硬石膏的溶解速率较慢，水化早期阶段钙矾石的生成量明显较少。但随着Ⅱ型硬石膏的缓慢溶解，掺Ⅱ型硬石膏试样中钙矾石晶体的数量能够在 10 min ~ 7 d 龄期内始终保持着较快速率的增加。

（3）掺Ⅲ型硬石膏试样中，钙矾石的生成量同样随着龄期延长而逐渐增加。水化 4 h 之前，掺Ⅲ型硬石膏试样中钙矾石的数量介于掺二水石膏试样和掺Ⅱ型硬石膏试样之间。4 h 后，掺Ⅲ型硬石膏试样中钙矾石的数量增加十分缓慢。1 d 龄期后，掺Ⅲ型硬石膏试样中钙矾石的数量要明显小于其他两组试样。可见，掺Ⅲ型硬石膏试样中钙矾石的形成过程明显受到了阻碍和延缓。

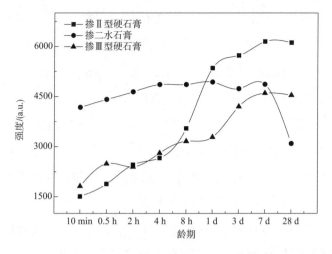

图 4.6　钙矾石（100）晶面衍射峰强随龄期的变化规律

图 4.7 所示为三组试样中钙矾石晶体（110）晶面法线方向上的平均晶粒尺寸随龄期的变化规律。水化 8 h 前，掺二水石膏试样中钙矾石晶体的平均晶粒尺寸要稍高于掺 II 型硬石膏试样。掺 II 型硬石膏试样中钙矾石晶体的平均晶粒尺寸基本上随着龄期的延长缓慢增大，1 d 龄期后，掺 II 型硬石膏试样中钙矾石的平均尺寸开始逐渐大于掺二水石膏试样。对于掺 III 型硬石膏试样而言，其在整个 28 d 龄期水化范围内，钙矾石的平均晶粒尺寸要显著小于掺二水石膏和掺 II 型硬石膏试样。

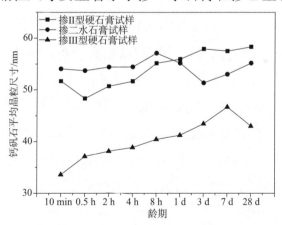

图 4.7　钙矾石平均晶粒尺寸随龄期的变化

根据晶体的生长理论，晶粒的大小与晶核的形成速率和晶体的生长速率有直接关系。通常在晶核形成速率较慢和晶体的生长速率较快的情况下，往往易形成大晶粒。许多研究表明，钙矾石的晶核形成速率主要与体系中 $[Al(OH)_6]^{3-}$ 八面体的形成速率有关，而 $[Al(OH)_6]^{3-}$ 八面体形成的快慢取决于液相中 $[AlO_2^-]$ 与 $[OH^-]$ 的数量。对于三组试样而言，有着相同的硫铝酸盐水泥熟料和生石灰掺量，因此可以认为三种试样水化初期阶段液相中 $[AlO_2^-]$ 与 $[OH^-]$ 的含量相当，即三组试样中 $[Al(OH)_6]^{3-}$ 八面体的形成速率相当。因此，三组试样中钙矾石的平均晶粒尺寸大小则主要取决于钙矾石晶体的生长速率。根据图 4.6 所示结果，掺二水石膏试样中钙矾石的生长速率明显较快，因而导致掺二水石膏试样中钙矾石的平均晶粒尺寸要高一些。掺 Ⅱ 型硬石膏试样中钙矾石的形成速率明显低于掺二水石膏时的情况，这就使得水化早期阶段，掺 Ⅱ 型石膏试样中钙矾石晶体的平均尺寸要小于掺二水石膏时的情况。掺 Ⅲ 型硬石膏试样中钙矾石的形成过程明显受到阻碍和延缓，因此掺 Ⅲ 型硬石膏试样中钙矾石晶体的生长速率十分缓慢，使得钙矾石晶粒难以长大，最终造成掺 Ⅲ 型硬石膏试样中钙矾石的平均晶粒尺寸明显较小。

4.5.3 DTA-TG 同步热分析

图 4.8、图 4.9 和图 4.10 分别为掺二水石膏、Ⅱ 型硬石膏和 Ⅲ 型硬石膏试样在各个龄期的同步热分析测试结果。可以看出：

（1）对于掺二水石膏试样，主要的水化产物为钙矾石（AFt）、铝胶（AH_3）和少量的单硫型水化硫铝酸钙（AFm）。其中钙矾石的吸热峰在 $50 \sim 120℃$，单硫型水化硫铝酸钙的吸热峰在 $175 \sim 200℃$，铝胶的吸热峰在 $275 ℃$ 附近，二水石膏的吸热峰位于 $150℃$ 附近。水化 2 h 后，二水石膏晶体的吸热峰消失，表明此时其已经被消耗殆尽，这与 XRD 的测试结果一致。

（2）对于掺 Ⅱ 型硬石膏试样，主要的水化产物也为钙矾石、单硫型水化硫铝酸钙和铝胶。水化前期和水化后期，均未检测到二水石膏晶体的吸热峰，表明 Ⅱ 型硬石膏在 28 d 龄期内没有发生向二水石膏晶体的

转变。水化 10 min 能够检测到有少量 AFm 存在，但 7 d 龄期后，AFm
的吸热峰消失，可能是其全部转化为钙矾石晶体的结果造成的。对于
掺Ⅲ型硬石膏试样，主要的水化产物以钙矾石和铝胶为主，在各个龄
期下均未检测到 AFm 的存在。水化 10 min，便检测到有相当数量的钙
矾石生成。此外，水化 10 min，还能够检测到有大量二水石膏晶体存
在，二水石膏晶体是由Ⅲ型硬石膏转化而来。随着龄期延长，由Ⅲ型
硬石膏转化生成的二水石膏晶体的吸热峰逐渐变弱，直到 7 d 龄期，二
水石膏晶体的吸热峰消失，表明此时其已经消耗殆尽。

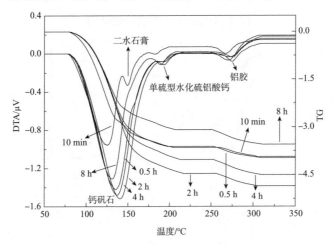

（a）10 min ~ 8 h 各阶段龄期

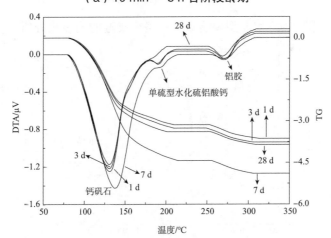

（b）1 ~ 28 d 各阶段龄期

图 4.8　掺二水石膏试样各个龄期的同步热分析

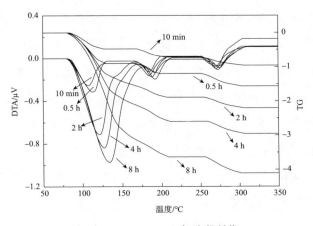

（a）10 min ～ 8 h 各阶段龄期

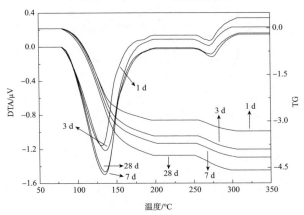

（b）1 ～ 28 d 各阶段龄期

图 4.9　掺 II 型硬石膏试样各个龄期的同步热分析

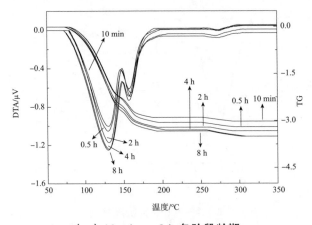

（a）10 min ～ 8 h 各阶段龄期

图 4.10　掺 III 型硬石膏试样各个龄期的同步热分析

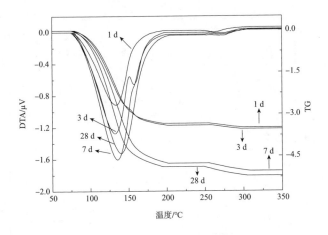

（b）1 ~ 28 d 各阶段龄期

图 4.10 掺Ⅲ型硬石膏试样各个龄期的同步热分析（续）

根据 TG 失重曲线计算得到三组试样中钙矾石数量随龄期的变化规律，如图 4.11 所示。可知，掺二水石膏试样，水化 10 min 后，钙矾石晶体的生成量高达 67 wt%，此后，随着水化的深入，钙矾石的数量以较小的增长率增加，直到 4 h 后，钙矾石的数量达到最大值 80.7 wt%。4 h ~ 7 d 龄期，钙矾石的数量几乎维持稳定，不再发生显著波动。直到 28 d 龄期，钙矾石晶体可能出现了部分分解转化，致使其数量降低至 73.6 wt%。掺Ⅱ型硬石膏试样经历 10 min 水化，钙矾石的生成量仅为 11.4 wt%，此后，随着龄期的延长，钙矾石的数量始终能够以较快的速率增长。7 d 后，钙矾石的数量达到最大值，为 86.5 wt%。对于掺Ⅲ型硬石膏试样，水化 10 min 后，钙矾石的生成量达到了 46.1 wt%。同样地，随着龄期延长，掺Ⅲ型硬石膏试样中钙矾石的数量逐渐增加，但其钙矾石晶体的数量增长率要明显小于掺Ⅱ型硬石膏时的情况。整体上，通过同步热分析得到的钙矾石的数量随龄期的变化规律与 XRD 的分析结果（图 4.6）一致。

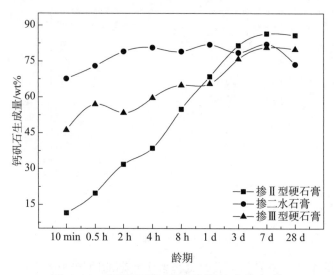

图 4.11　钙矾石数量随龄期的变化规律

4.5.4　SEM-EDS 分析

图 4.12、图 4.13 和图 4.14 所示分别为掺二水石膏、Ⅱ型硬石膏和Ⅲ型硬石膏试样在水化 10 min 和 28 d 龄期时的二次电子图像及能谱分析。可知，水化 10 min 时，三组试样中均能够观察到有钙矾石晶体形成。但三组试样中，钙矾石的形貌和分布特征存在显著的差异性。对于掺二水石膏试样，在仅经历 10 min 的水化后，便能够观察到有大量细针状的钙矾石生成。钙矾石晶体的长度约为 2 μm，直径为 0.5 μm。大部分的钙矾石多依附于熟料粒子附近呈团簇状生长，甚至部分钙矾石晶体还能以熟料粒子为中心向外呈放射状形态。对于掺Ⅱ型硬石膏试样，水化 10 min 后，同样生成了细针状的钙矾石，钙矾石的长度为 2～3 μm，宽度约为 0.5 μm，但是钙矾石的数量相比于掺二水石膏试样明显少得多。此外，掺Ⅱ型硬石膏试样中的钙矾石多位于孔隙和裂缝中形成并呈现互相搭接交错复杂的分布形态，这和掺二水石膏试样中钙矾石的分布形态截然不同。对于掺Ⅲ型硬石膏试样，在经历 10 min 的水化后，同样有钙矾石晶体形成，但钙矾石的长度仅为 0.7 μm，宽度为 0.5 μm，

钙矾石的晶体尺寸明显要小于掺二水石膏和 II 型硬石膏时的情况。此外，这些尺寸较小的钙矾石晶体紧紧依附于熟料粒子表面，对熟料粒子形成了致密的包裹。水化 28 d 后，掺二水石膏试样中能够明显观测到有无定形絮状水化产物生成，经过能谱分析，无定形水化产物主要是由铝胶和 C–S–H 凝胶组成。水化 28 d 后，掺 II 型硬石膏试样中同样能够观测到大量的无定形的铝胶和 C–S–H 凝胶，并对钙矾石晶体进行覆盖，整体的微观结构变得十分密实。对于掺 III 型硬石膏试样，水化 28 d 后，钙矾石晶体相比于早期明显发育长大，但多数的钙矾石晶体多以熟料粒子为中心，向外呈放射状态分布。

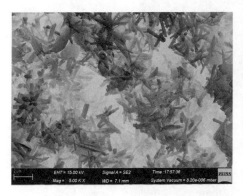

（a）10 min　　　　　　　　　　（b）28 d

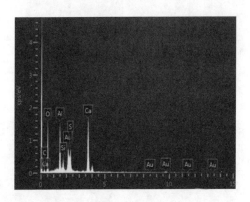

（c）P1 能谱

图 4.12　掺二水石膏试样 SEM–EDS 分析

（a）10 min   （b）28 d

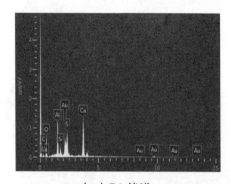

（c）P2 能谱

图 4.13   掺Ⅱ型硬石膏试样 SEM–EDS 分析

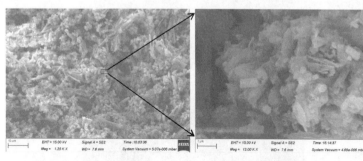

（a）10 min   （b）局部放大

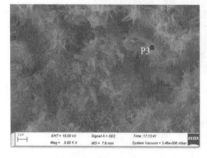
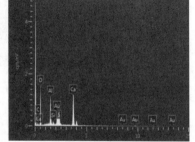

（c）28 d   （d）P3 能谱

图 4.14   掺Ⅲ型硬石膏试样 SEM–EDS 分析

4.5.5 液相离子浓度

图 4.15、图 4.16 和图 4.17 所示分别为测试的三组试样孔溶液液相中 Ca^{2+}、SO_4^{2-} 和 AlO_2^- 离子浓度随龄期的变化规律。

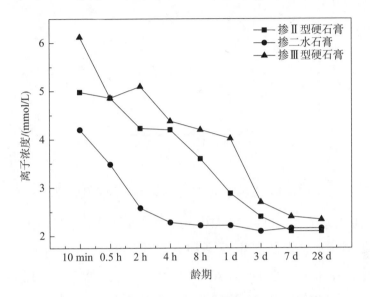

图 4.15 液相中 Ca^{2+} 浓度随龄期的变化规律

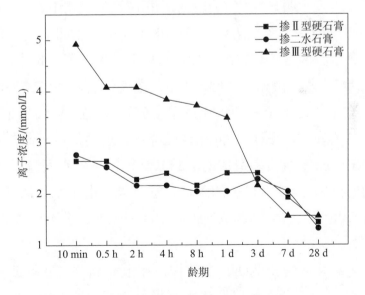

图 4.16 液相中 SO_4^{2-} 浓度随龄期的变化规律

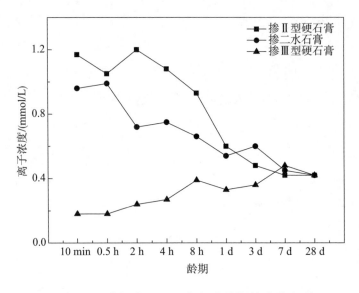

图 4.17　液相中 AlO_2^- 浓度随龄期的变化规律

对于掺二水石膏试样，在 10 min ～ 4 h 的水化过程中，随着钙矾石晶体的不断生成以及二水石膏和无水硫铝酸钙等原料矿物的不断被消耗，液相中 Ca^{2+}、SO_4^{2-} 和 AlO_2^- 的浓度呈逐渐下降的趋势。水化 4 h ～ 7 d 龄期阶段，随着二水石膏被消耗殆尽，钙矾石的生成量在该龄期范围不再发生明显变化（图 4.6），相应地，液相中 Ca^{2+} 和 SO_4^{2-} 的浓度均各自维持在一个较为稳定的低水平而不发生明显的变化。该水化阶段，钙矾石的溶解和析出过程达到化学平衡状态。此外，在 4 h ～ 7 d 水化龄期阶段，液相中 AlO_2^- 离子的浓度仍然表现出较为显著的下降趋势，这可能是由于早期水化过程中随着石灰被大量的消耗，致使后期液相中 OH^- 离子减少，液相碱度降低，进而促进 AlO_2^- 离子转化为 $Al(OH)_3$ 胶体的结果造成的。28 d 龄期，掺二水石膏试样液相中 SO_4^{2-} 的浓度发生了较为显著的降低，这可能是由于水化后期，C_2S 矿物的水化产生的氢氧化钙，致使提高了液相碱度，进而导致 SO_4^{2-} 浓度的下降[118]。

类似地，对于掺 II 型硬石膏试样，在 10 min ～ 7 d 龄期范围，随着钙矾石晶体的不断生成以及各类原材料的不断被消耗，液相中 Ca^{2+} 和 AlO_2^- 离子浓度同样显著呈逐步下降的趋势。7 d 时，掺 II 型硬石膏

试样液相中 Ca^{2+} 和 AlO_2^- 离子浓度与掺二水石膏试样中钙矾石稳定存在时液相中的 Ca^{2+} 和 AlO_2^- 浓度相近。然而，对于掺 II 型硬石膏液相中 SO_4^{2-} 的浓度的变化规律，其在 10 min ～ 7 d 龄期范围内并没有发生较大的改变，而是始终维持在钙矾石稳定形成时的浓度，这主要是由于 II 型硬石膏的溶解速率过于缓慢，因此，在达到钙矾石晶体析出所需的最低 SO_4^{2-} 浓度基础上，一旦有 SO_4^{2-} 离子被 II 型硬石膏溶出释放至液相中便立即参与钙矾石的生成，进而致使掺 II 型硬石膏试样液相中 SO_4^{2-} 离子的浓度仅维持在一个较为稳定的低水平范围。此外，28 d 龄期，掺 II 型硬石膏试样液相中 SO_4^{2-} 离子浓度的下降可能同样受后期 C_2S 水化生成氢氧化钙的影响所致。

对于掺 III 型硬石膏试样，随着水化的进行，其液相中 Ca^{2+} 和 SO_4^{2-} 离子的浓度同样表现为显著下降的趋势。然而，掺 III 型硬石膏试样中的 Ca^{2+} 和 SO_4^{2-} 离子的浓度在相同龄期下均要显著高于掺二水石膏试样和掺 II 型硬石膏时的情况。此外，水化前期，掺 III 型硬石膏试样液相中 AlO_2^- 的浓度相比于掺二水石膏和掺 II 型硬石膏试样明显低得多，结合前期水化热(图 4.2)、钙矾石生成量随龄期变化的测试结果(图 4.6)和扫描电镜测试结果（图 4.14），可以推断，由于水化前期在熟料粒子周围形成了致密的钙矾石包裹层，阻碍了熟料粒子中无水硫铝酸钙矿物的溶解，致使掺 III 型硬石膏水化早期液相中 AlO_2^- 的浓度显著较低。由于液相中较低的 AlO_2^- 离子浓度，导致液相中的 Ca^{2+} 和 SO_4^{2-} 离子无法参与钙矾石的生成，最终造成掺 III 型硬石膏试样液相中相对较高的 Ca^{2+} 和 SO_4^{2-} 离子浓度。

4.5.6　抗压强度

图 4.18 为石膏类型对超细硫铝酸盐水泥基绿色快速加固材料结石体抗压强度的影响，表 4.3 为具体测试的数据。可以看出，掺 II 型硬石膏试样在 4 h ～ 3 d 龄期内结石体的抗压强度始终能够保持较大的增幅，3 ～ 7 d 龄期范围内，掺 II 型硬石膏试样结石体的抗压强度几乎维持稳

定，继续水化至 28 d 龄期，掺 II 型硬石膏试样硬化体的抗压强度持续增长，最终 28 d 龄期时，掺 II 型硬石膏试样的抗压强度为 17.4 MPa。对于掺二水石膏试样，在 1 d 龄期几乎已经达到其 28 d 龄期的 90% 以上，随后随着龄期的延长，掺二水石膏试样结石体的抗压强度增幅较小，其 28 d 抗压强度值仅为 8.3 MPa。对于掺 III 型硬石膏试样，其结石体的抗压强度在 4 h ～ 28 d 龄期过程中先降低后增加，但 28 d 龄期，其最终强度也仅达到 3.2 MPa。对比三种类型的石膏对结石体抗压强度的影响可知，掺 II 型硬石膏试样在各个龄期的抗压强度均要高于掺二水石膏试样，而掺 III 型硬石膏的试样，其结石体的力学性能较差。

表 4.3　各试样在不同龄期的抗压强度

试样	抗压强度 /MPa				
	4 h	1 d	3 d	7 d	28 d
掺 II 型硬石膏试样	3.44	11.77	14.67	14.82	17.06
掺二水石膏试样	2.72	7.61	8.42	8.45	8.49
掺 III 型硬石膏试样	0.74	0.64	0.125	1.56	3.36

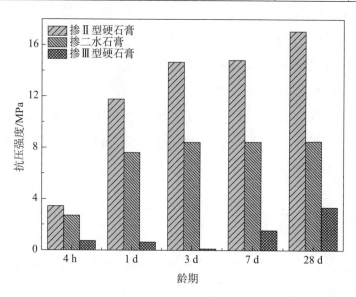

图 4.18　结石体的抗压强度随龄期的变化

在硫铝酸盐水泥基材料体系中，一般认为钙矾石的生成数量越多，力学性能越好。然而，通过结合分析超细硫铝酸盐水泥基绿色快速加固材料的 4 h 抗压强度数据以及图 4.6 所示的钙矾石的生成量规律，发现掺二水石膏试样在 4 h 龄期的钙矾石生成量远远高于掺 II 型硬石膏试样，但掺二水石膏试样 4 h 的抗压强度却明显低于掺 II 型硬石膏的情况。由此看来，并不能简单地从钙矾石生成量的角度来解释力学性能所反映的结果。实际上，通过早期的 SEM 图像发现，三组试样中钙矾石的形貌和分布之间存在很大的差异性。水化早期，掺二水石膏试样中的钙矾石多以熟料粒子为中心，向外呈辐射状分布，造成各个熟料粒子表现为团簇状结构。此外，由于钙矾石晶体的尺寸较小，各个熟料粒子周围的钙矾石晶体之间的搭接交错程度显著较低，严重影响了钙矾石晶体的"骨架"效应的发挥。不同于掺二水石膏试样，4 h 龄期时，掺 II 型硬石膏试样中钙矾石的生成量尽管明显少于掺二水石膏试样，但从 SEM 的观测结果来看，水化早期阶段，掺 II 型硬石膏试样中的钙矾石晶体更多地表现出杂乱无章的交错分布形态，这种分布形态能够很好地发挥钙矾石晶体的"骨架"搭接效应，因而，能够赋予结石体较好的力学性能。对于掺 III 型硬石膏试样，其在早期水化生成的钙矾石晶体尺寸明显要小于掺二水石膏和掺 II 型硬石膏的情况，并且这些尺寸较小的钙矾石紧紧依附于熟料粒子表面，对熟料粒子形成致密的包裹，因此，钙矾石晶体的"骨架"强度效应更加难以发挥，最终造成掺 III 型硬石膏试样力学性能较差。

4.5.7　膨胀性能

石膏类型对超细硫铝酸盐水泥基绿色快速加固材料结石体膨胀性能影响的测试结果如图 4.19 所示。可知：

（1）掺 II 型硬石膏试样，在 2 h ～ 28 d 龄期表现出明显的膨胀特征。在 2 h ～ 6 h 阶段，掺硬石膏试样硬化体的体积膨胀率增速相对较为缓慢，但在 6 h ～ 1 d 龄期，掺硬石膏试样的硬化体以较快的速率迅速发生膨胀。但 1 d 龄期后，掺硬石膏试样结石体的体积膨胀率已经鲜有变化，最终其 28 d 龄期膨胀率达到 2.5%。

（2）对于掺二水石膏的试样,其结石体并未表现出显著的膨胀特征。甚至在 2 h ～ 28 d 龄期,掺二水石膏试样的硬化体还表现出了一定的体积收缩特性。

（3）对于掺Ⅲ型硬石膏的试样,在 2 h ～ 28 d 龄期,仅表现出微弱的膨胀特征性,其 28 d 龄期膨胀率仅为 0.106%。

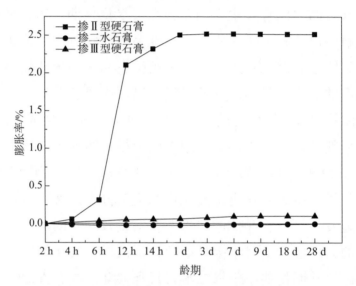

图 4.19　结石体的膨胀率随龄期的变化

超细硫铝酸盐水泥基绿色快速加固材料结石体的膨胀性能也和钙矾石的形成过程有关。对于掺二水石膏试样,由于大部分钙矾石多集中在很短的水化时间内生成,因此 2 h 龄期后,掺二水石膏试样中钙矾石的生成量十分有限。此外,大部分钙矾石呈团簇状和放射状的生长形态分布,相关文献 [153] 的研究结果证明了这种钙矾石的分布形态也不利于钙矾石膨胀特性的发挥,因此,掺二水石膏试样在 2 h 后并未发生明显的膨胀。对于掺二水石膏试样结石体在水化后期出现轻微的收缩,可能是因结石体内部水分的蒸发导致的干缩所致。对于掺Ⅱ型硬石膏试样,在 2 h ～ 7 d 水化龄期,钙矾石始终能够保持较快速率的增长,且多数钙矾石位于结石体孔隙和裂缝中形成,能够很好地发挥钙矾石的膨胀性能,因此,在该龄期阶段,掺Ⅱ型硬石膏试样硬化体的体积膨胀率能够逐步地增大。直到 7 d 后，钙矾石的数量不再显著增加，硬化体的体积膨胀率也保持稳定。对于掺Ⅲ型硬石膏试样，随着龄期的延长，钙矾石的数量同样表现出逐步增加的趋势，但是水化后期，由于钙矾石晶体呈放射状的生长形态，极大地限制了钙矾石的膨胀性能的发挥。因此，水化后期，掺Ⅲ型硬石膏试样结石体仅表现出微膨胀的特性。

4.5.8　机理分析

许多关于钙矾石晶体形成机理的研究表明，钙矾石的形成主要遵循液相"溶解 – 沉淀"理论。因此，在超细硫铝酸盐水泥基绿色快速加固材料体系，钙矾石晶体的形成过程可以描述为：首先由硫铝酸盐水泥熟料粒子溶解释放的铝酸根离子 AlO_2^- 结合两个 OH^- 离子和 2 个 H_2O 分子形成 $[Al(OH)_6]^{3-}$ 铝氧八面体，然后 $[Al(OH)_6]^{3-}$ 铝氧八面体再和 Ca^{2+} 和 H_2O 结合形成 $\{Ca_6[Al(OH)_6]_2 24H_2O\}^{6+}$ 多面柱体，最后 3 个 SO_4^{2-} 和 2 个 H_2O 分子进入 $\{Ca_6[Al(OH)_6]_2 24H_2O\}^{6+}$ 多面柱体的沟槽内，形成完整的钙矾石晶体结构。

图 4.20、图 4.21 和图 4.22 分别为掺二水石膏、Ⅱ型硬石膏和Ⅲ型硬石膏试样中钙矾石形成机理示意图。对于掺二水石膏试样，由于二水石膏较快的溶解速率，其一旦遇水能够迅速向液相中溶解释放出大量的 SO_4^{2-} 离子，并以较高的扩散势能快速地扩散至熟料粒子附近的低 SO_4^{2-} 离子浓度液相区域。同时，熟料中的无水硫铝酸钙矿物也要向液相中溶解释放出 AlO_2^- 离子，AlO_2^- 离子一旦溶出便能够和位于熟料粒子液相中的 Ca^{2+}、OH^- 和水分子结合形成 $\{Ca_6[Al(OH)_6]_2 24H_2O\}^{6+}$ 多面柱并向低浓度区域扩散。但由于熟料中无水硫铝酸钙溶解和释放 AlO_2^- 的速率较慢（图 4.17），位于熟料粒子附近液相中形成的 $\{Ca_6[Al(OH)_6]_2 24H_2O\}^{6+}$ 多面柱数量较少，扩散势能小。当 $\{Ca_6[Al(OH)_6]_2 24H_2O\}^{6+}$ 多面柱尚未扩散至远离熟料粒子的液相区域中时便与已经扩散至熟料粒子附近液相中的 SO_4^{2-} 离子结合生成钙矾石晶体，其最终的结果便是大量的钙矾石

晶体集中于靠近熟料粒子的液相中形成，甚至部分钙矾石晶体还能够以熟料粒子为中心向外呈辐射状生长 [图 4.12（a）]。

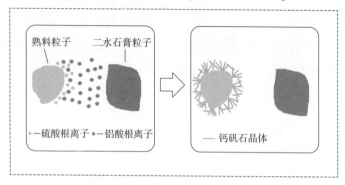

图 4.20　掺二水石膏试样钙矾石形成机理示意图

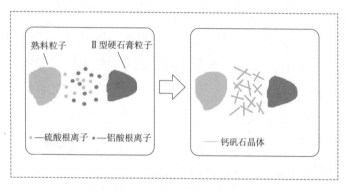

图 4.21　掺Ⅱ型硬石膏试样钙矾石形成机理示意图

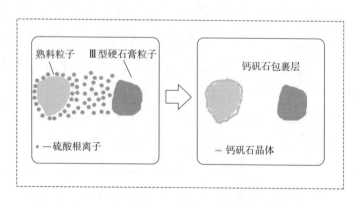

图 4.22　掺Ⅲ型硬石膏试样钙矾石形成机理示意图

对于掺Ⅱ型硬石膏试样，由于Ⅱ型硬石膏的溶解速率十分缓慢，因此相同时间内，Ⅱ型硬石膏仅能溶解和释放出少量的 SO_4^{2-}，结果造成掺 II 型硬石膏试样液相中 SO_4^{2-} 的扩散势能相对小得多，II 型硬石膏溶解释放的 SO_4^{2-} 离子很难在短时间内扩散至位于熟料粒子附近的液相区域。此时，在熟料离子附近液相区域形成的 ${Ca_6[Al（OH）_6]_2 24H_2O}^{6+}$ 便能够有充足的时间扩散至距离熟料粒子较远的液相区域与 SO_4^{2-} 离子结合形成钙矾石，最终大部分钙矾石晶体将在距离熟料粒子较远的液相区域内沉淀析出 [图 4.13（a）]。由于缺乏熟料粒子的依附结晶作用，在距离熟料粒子较远的液相中形成的钙矾石晶体将表现出高度的互相交错搭接式析出和生长。

对于掺 III 型硬石膏的试样，由于 III 型硬石膏具有比二水石膏更快的溶解和释放 SO_4^{2-} 离子的速率。因此，当掺 III 型硬石膏试样遇水后，III 型硬石膏迅速溶解释放出大量的 SO_4^{2-} 离子并以更高的扩散势能迅速扩散至熟料粒子附近的液相区域。由于熟料中无水硫铝酸钙的溶解速率较慢，甚至 AlO_2^- 尚未从熟料粒子中溶出，SO_4^{2-} 离子便已经扩散至熟料粒子表面。这样，随着 AlO_2^- 的逐渐溶出和 ${Ca_6[Al（OH）_6]_2 24H_2O}^{6+}$ 的形成，钙矾石晶体便将依附于熟料粒子表面逐步析出，并对水泥熟料粒子形成致密的包裹 [图 4.14（b）]。由于包裹层的存在，熟料粒子溶解和释放 AlO_2^- 离子的过程受到极大阻碍，导致钙矾石的形成过程被大大延缓和阻碍，包裹层中的钙矾石晶体难以发育长大，尺寸明显较小。

4.6　本章小结

本章重点研究了石膏类型对超细硫铝酸盐水泥基绿色快速加固材料水化硬化行为的影响，得出的主要结论如下：

（1）掺二水石膏时，超细硫铝酸盐水泥基绿色快速加固材料早期水化放热速率较快，早期放热量显著较大；掺 II 型硬石膏时，超细硫铝酸盐水泥基绿色快速加固材料早期水化放热速率相对较慢，早期放热量相对较低，但经历 24 h 的水化后，掺 II 型硬石膏和掺二水石膏试样的放热总量相当，均在 425 J/g 附近。掺 III 型硬石膏时，超细硫铝酸盐水泥基绿色快速加固材料水化 1.16 h 后放热进程明显变缓，24 h 的放热总量仅为 312 J/g。

（2）掺二水石膏时，钙矾石的形成速率快，大部分钙矾石晶体集中于 4 h 内生成；掺 Ⅱ 型硬石膏时，水化初期生成的钙矾石数量明显较少，但钙矾石的数量能够在 7 d 龄期内持续稳定快速增长。掺 Ⅲ 型硬石膏时，超细硫铝酸盐水泥基绿色快速加固材料中钙矾石的形成过程显著受到阻碍和延缓，28 d 龄期仍然有相当数量的未反应的无水硫铝酸钙剩余。

第5章 减水剂对超细硫铝酸盐水泥基绿色快速加固材料水化硬化性能的影响

5.1 引言

超细硫铝酸盐水泥基绿色快速加固材料作为超细水泥的一种，颗粒粒径小，需水量大。因此，在应用时还需要加入合适的减水剂以改善其浆体的流动性，从而满足实际加固工程的需求。

萘系高效减水剂（FDN）和聚羧酸系高效减水剂（PCE）是目前水泥基材料领域常用的两种高效减水剂。FDN主要通过静电吸附作用吸附在水泥基材料的颗粒表面，改变颗粒表面的电荷性质，达到分散颗粒的目的。与FDN不同，PCE由于其复杂的分子结构，主要依靠空间位阻效应来分散颗粒。许多研究结果表明，FND和PCE可以有效提高硅酸盐水泥基材料的流动性，具有良好的适应性。事实上，添加FDN或PCE也可以提高硫铝酸盐水泥基材料的流动性。然而，许多学者发现，高效减水剂不仅改善了硫铝酸盐水泥基材料的工作性能，而且会引起凝结时间、强度等性能的变化。此外，不同学者得出的研究结论也存在很大差异甚至矛盾。由此可见，由于矿物成分与硅酸盐水泥不同，在超细硫铝酸盐水泥基绿色快速加固材料浆体改性过程中，充分考虑高效减水剂与硫铝酸盐水泥基材料的适应性是非常必要的。基于此，本章主要研究了FDN和PCE对超细硫铝酸盐水泥基绿色快速加固材料流动性能、凝结时间和力学性能的影响。同时，通过 X 射线衍射、DSC–TG 同步热分析和扫描电镜研究了 FDN 和 PCE 对硬化浆体的物相组成和水化产物形貌的影响。此外，根据高效减水剂的作用原理，深入阐述了 PCE 和 FDN 对超细硫铝酸盐水泥基绿色快速加固材料力学性能和微观结构的影响机理。

5.2　实验原材料

实验用的超细硫铝酸盐水泥熟料、超细硬石膏与超细生石灰与2.2 节描述的相同。按照第 3 章确定的最佳比例配制得到超细硫铝酸盐水泥基绿色快速加固材料。PCE 购自山东博克化工有限公司，固含量为 40%。FDN 购自江西伟泰建材有限公司。

5.3　测试方法

5.3.1　浆体流动性测试

首先将称量好的 PCE 和 FDN 分别溶于拌合水中，按照 1 ∶ 1 的水灰比分别搅拌均匀得到含 PCE 和 FDN 的超细硫铝酸盐水泥基绿色快速加固材料浆体。随后，将制备的超细硫铝酸盐水泥基绿色快速加固材料浆料快速注入水平玻璃板中心的截锥圆形模具（图 5.1）中，并用刮刀刮平。然后，在垂直方向上提起截锥圆形模具并计时，直到浆体在玻璃板上自由流动 30 s。用直尺测量流淌部分相互垂直两个方向的最大直径，取平均值作为浆体的流动度。

图 5.1　超细硫铝酸盐水泥基绿色快速加固材料浆体流动性测试装置示意图

5.3.2　浆体凝结时间测试

按照《水泥标准稠度用水量、凝结时间、安定性检验方法》（GB/T 1346—2011）描述的方法，采用标准维卡仪测试超细硫铝酸盐水泥基绿色快速加固材料浆体的凝结时间。

5.3.3　力学性能测试

将制备的超细硫铝酸盐水泥基绿色快速加固材料成型为 40 mm × 40 mm × 40 mm 的试样。随后，将试样置于 20℃ 和 90% 相对湿度的环境中养护至规定的龄期。最后，采用 TYE-10C 型号的力学性能试验机测量样品的抗压强度。

5.3.4　XRD、DSC-TG 和 SEM 测试

力学性能测试完毕后，取破型后的试样用无水乙醇浸泡 24 h 以终止水化，然后将试样置于温度为 40℃、真空度为 0.08 MPa 的真空干燥箱中进行干燥处理。取部分烘干的试样进行粉磨并过 0.063 mm 的筛得到粉磨试样，用于 XRD 和 DSC-TG 测试。用 STA449F3 型同步热分析仪在氮气气氛中以 10℃ /min 的速率采集 DSC-TG 曲线。在 Bruker D8 Advance X 射线衍射仪上用 CuKa 射线（$k = 0.15406$ nm）测试硬化浆体的 X 射线衍射（XRD）图谱。扫描范围为 5°～50°，步长为 0.02°。对未经研磨的干燥试样进行镀金处理，并用 Quanta 450 型扫描电镜观察水化产物的微观结构特征。

5.4　结果与讨论

5.4.1　流动度

表 5.1 和图 5.2 显示了 PCE 含量对超细硫铝酸盐水泥基绿色快速加

固材料浆体初始流动度的影响。根据图 5.2，不含高效减水剂的超细硫
铝酸盐水泥基绿色快速加固材料浆体的初始流动度为 155 mm。PCE 的
加入可以显著提高超细硫铝酸盐水泥基绿色快速加固材料浆体的初始
流动度。此外，PCE 含量越多，超细硫铝酸盐水泥基绿色快速加固材
料浆体的初始流动度越大。当 PCE 含量达到 0.2% 时，超细硫铝酸盐
水泥基绿色快速加固材料浆体具有最大的初始流动度，即 320 mm。此
后继续增加 PCE 的掺量，超细硫铝酸盐水泥基绿色快速加固材料浆体
的初始流动度不再发生显著变化。从表 5.2 和图 5.3 中可以看出，FDN
的加入也可以显著提高超细硫铝酸盐水泥基绿色快速加固材料浆体的
初始流动度。与 PCE 类似，FDN 在 USCGBM 中也具有饱和掺量。当
FDN 达到 1.5% 的饱和含量时，超细硫铝酸盐水泥基绿色快速加固材
料浆体可以达到 308 mm 的最大初始流动度。对比可以看出，在减水
剂饱和掺量条件下，PCE 对 USCGBM 浆体流动性的改性效果明显优
于 FDN。

表 5.1　不同 PCE 掺量的超细硫铝酸盐水泥基绿色快速加固材料的初始流动度

PCE 掺量 /%	初始流动度 /mm
0	155
0.05	235
0.10	285
0.15	304
0.20	320
0.25	318

表 5.2　不同 FDN 掺量的超细硫铝酸盐水泥基绿色快速加固材料的初始流动度

FDN 掺量 /%	初始流动度 /mm
0	155
0.5	216
1.0	285
1.5	308
2.0	305

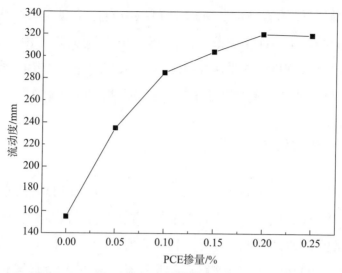

图 5.2　PCE 对超细硫铝酸盐水泥基绿色快速加固材料浆体初始流动度的影响

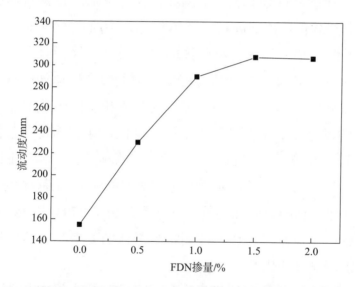

图 5.3　FDN 对超细硫铝酸盐水泥基绿色快速加固材料浆体初始流动度的影响

流动性测试结果表明，PCE 和 FDN 均能有效提高超细硫铝酸盐水泥基绿色快速加固材料浆体的初始流动度。PCE 作为一种表面活性剂，与超细硫铝酸盐水泥基绿色快速加固材料混合后，可以有效地吸附在活性颗粒表面。由于 PCE 分子中更多的支链结构引起的空间位阻效应，可显著打破超细硫铝酸盐水泥基绿色快速加固材料浆体中的超细颗粒的团聚，从而释放出被包裹的游离水，显著改善超细硫铝酸盐水泥基绿色快速加固材料浆体的流动性。FDN 还可以吸附在超细硫铝酸盐水泥基绿色快速加固材料中的活性颗粒表面。与 PCE 不同的是，由于 FDN 分子的刚性直链结构，FDN 主要依靠静电排斥来实现超细硫铝酸盐水泥基绿色快速加固材料浆体中超细颗粒的分散和流动性的显著增大。

5.4.2　凝结时间

表 5.3、表 5.4、图 5.4 和图 5.5 显示了 PCE 和 FDN 减水剂对超细硫铝酸盐水泥基绿色快速加固材料浆体凝结时间的影响。超细硫铝酸盐水泥基绿色快速加固材料浆体分别仅在 6 min 和 10 min 后达到初凝和终凝。PCE 的加入可以略微延长超细硫铝酸盐水泥基绿色快速加固材料浆体的凝结时间但不显著。例如，与未掺加高效减水剂的超细硫铝酸盐水泥基绿色快速加固材料浆体相比，掺加 0.2%PCE 的超细硫铝酸盐水泥基绿色快速加固材料浆体的初凝时间和终凝时间分别仅延长了 15 s 和 12 s。FDN 对超细硫铝酸盐水泥基绿色快速加固材料浆体凝结时间的影响如表 5.4 和图 5.5 所示。可以看出，FDN 的加入可以在一定程度上显著延长超细硫铝酸盐水泥基绿色快速加固材料浆体的初凝和终凝时间。此外，FDN 的含量越多，效果越显著。当 FDN 达到饱和含量时，与未掺加高效减水剂的超细硫铝酸盐水泥基绿色快速加固材料浆体相比，初凝时间和终凝时间显著延长了 270 s 和 156 s。之后，超细硫铝酸盐水泥基绿色快速加固材料浆体的凝结时间不再随着 FDN 含量的增加而显著变化。

表 5.3　不同 PCE 掺量的超细硫铝酸盐水泥基绿色快速加固材料的凝结时间

PCE 掺量 /%	初凝时间	终凝时间
0	6 min	10min
0.05	6min7 s	10min6 s
0.1	6min8 s	10min5 s
0.15	6min10 s	10min8 s
0.2	6min15 s	10min12 s
0.25	6min17 s	10min15 s

表 5.4　不同 FDN 掺量的超细硫铝酸盐水泥基绿色快速加固材料的凝结时间

FDN 掺量 /%	初凝时间	终凝时间
0	6 min	10min
0.5	7min45 s	10min24 s
1.0	8min54 s	11min42 s
1.5	10min30 s	12min36 s
2.0	10min35 s	12min37 s

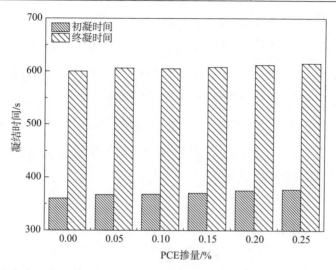

图 5.4　PCE 对超细硫铝酸盐水泥基绿色快速加固材料凝结时间的影响

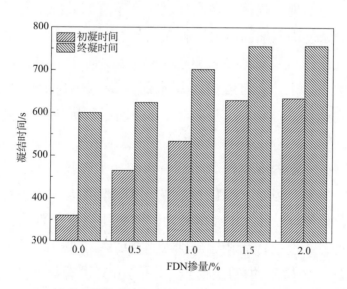

图 5.5　FDN 对超细硫铝酸盐水泥基绿色快速加固材料凝结时间的影响

PCE 和 FDN 会影响 USCGBM 浆体凝结时间的主要原因如下：PCE 掺入超细硫铝酸盐水泥基绿色快速加固材料浆体后，能优先吸附在活性较高的硫铝酸盐水泥熟料颗粒表面。此时，PCE 分子中所含的羧基、磺酸等基团可以通过络合作用与熟料颗粒溶解释放的 Ca^{2+} 离子结合，在熟料颗粒周围形成富钙保护层，阻碍熟料颗粒与水的接触，延缓水化反应，并略微延长超细硫铝酸盐水泥基绿色快速加固材料浆体的凝结时间。与 PCE 类似，FDN 也可以吸附在带正电的水泥熟料颗粒表面。此外，FDN 分子中所含的磺酸基团还可以与熟料颗粒周围液相中的 Ca^{2+} 离子反应，在熟料颗粒表面形成富钙保护层，阻碍和延迟超细硫铝酸盐水泥基绿色快速加固材料浆料的凝固和硬化。FDN 分子的刚性支链结构可能使其比 PCE 分子更能吸附在硫铝酸盐水泥熟料粒子表面，从而形成更厚的富钙层，从而显著延长超细硫铝酸盐水泥基绿色快速加固材料浆体的凝结时间。

5.4.3　抗压强度

为了分析高效减水剂对超细硫铝酸盐水泥基绿色快速加固材料早期力学性能的影响，测试了空白样品（即不含高效减水剂的超细硫铝酸盐水泥基绿色快速加固材料试样）、分别掺加 0.2%PCE 和 1.5%FDN 的样品的抗压强度，如表 5.5 和图 5.6 所示。对于空白样品，在经过 4 h 的水化反应后，超细硫铝酸盐水泥基绿色快速加固材料硬化体的抗压强度达到 8.7 MPa。水化至 1 d 龄期后，抗压强度显著提高至 16.7 MPa。在 1 ~ 7 d 龄期，空白样品的抗压强度不再显著增加。PCE 的加入可以在一定程度上提高超细硫铝酸盐水泥基绿色快速加固材料的早期抗压强度。例如，掺有 PCE 的超细硫铝酸盐水泥基绿色快速加固材料硬化体在 4 h 和 1 d 水化龄期时的抗压强度分别达到 10.5 MPa 和 17.3 MPa，与空白样品相比分别提高 20.7% 和 3.6%。与空白样品类似，掺有 PCE 的样品的抗压强度在 1 ~ 7 d 时没有显著变化。对于掺杂 FDN 的样品，早期强度明显较低。添加 FDN 的试样在水化龄 4 h 和

1 d 时的抗压强度分别仅为 4.5 MPa 和 11.2 MPa，与空白试样相比分别降低 48.3% 和 32.9%。类似地，掺有 FDN 的样品的抗压强度在 1 ～ 7 d 的水化龄期同样没有再出现显著增加。

表 5.5　各试样不同龄期抗压强度测试结果

试样	抗压强度 /MPa			
	4 h	1 d	3 d	7 d
空白试样	8.7	16.7	17.1	17.2
掺 PCE 试样	10.5	17.3	18.2	18.3
掺 FDN 试样	4.5	11.2	11.3	11.5

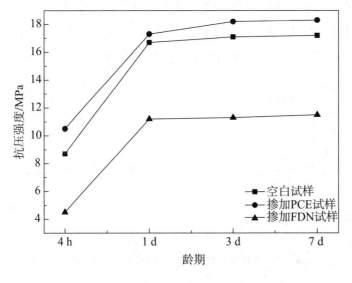

图 5.6　各试样的抗压强度测试结果

5.4.4　XRD 分析

为揭示高效减水剂对超细硫铝酸盐水泥基绿色快速加固材料水化硬化性能的影响机理，测试了空白试样、掺加 0.2%PCE 试样和掺加 1.5%FDN 试样在 4 h 和 7 d 龄期的 XRD 图谱，结果如图 5.7 和图 5.8 所示。由图 5.7 可以看出，仅在经过 4 h 龄期的水化反应后，三组样品中就检测到大量钙矾石水化产物。同时，还检测到了未反应的无水硫铝酸钙和硬石膏的特征峰。通常，晶体衍射峰的强度越大，晶体的数量就越多。通过对比三组样品中钙矾石晶体的（100）晶面衍射峰强度，可以看出，掺杂 PCE 和 FDN 的两组样品中的钙矾石含量高于空白样品，表明 PCE 和 FDN 可以在一定程度上加速超细硫铝酸盐水泥基绿色快速加固材料的早期水化反应速率。此外，与 PCE 相比，FDN 在促进水合作用方面发挥了更强的作用。图 5.8 显示了三组样品在 7 d 龄期时的 XRD 图谱。可以看出，在经历 7 d 的水化后，三组样品中钙矾石的生成量进一步增加。通过钙矾石（100）晶面衍射峰强度比较，三组样品中钙矾石的含量相同。另外，由于水化反应的充分进行，经过 7 d 龄期后，三组试样中硬石膏和无水硫铝酸钙被大量消耗。水化 7 d 后，在三组样品中仅检测到弱硬石膏特征峰，而没有检测到无水硫铝酸钙的特征衍射峰，表明此时它已经被消耗殆尽。

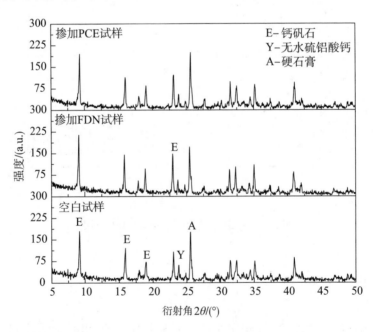

图 5.7　各试样在 4 h 龄期的 XRD 图谱

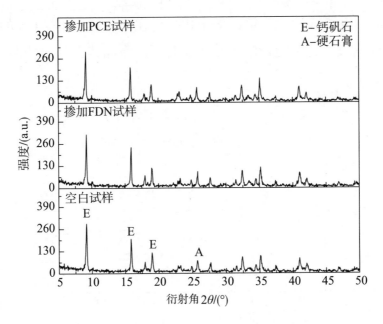

图 5.8　各试样在 7 d 龄期的 XRD 图谱

5.4.5　同步热分析

为进一步分析高效减水剂的作用机理，又测试了空白试样、掺加 0.2%PCE 试样和掺加 1.5%FDN 试样在 4 h 和 7 d 龄期的 DSC–TG 曲线，结果如图 5.9 和图 5.10 所示。由图 5.9 可以看出，在 4 h 水化龄期时，三组试样在 120℃附近都检测到强烈的钙矾石的吸热峰。此外，在 150℃和 250℃附近分别检测到 AFm 和 AH₃ 水化产物的吸热峰。根据 TG 曲线数据，可计算三组试样中钙矾石的生成量。计算结果表明，空白试样、掺 PCE 试样和 FDN 试样在水化 4 h 后的钙矾石含量分别为 51.4%、55.5% 和 56.2%。可以看出，PCE 和 FDN 的试样中的钙矾石含量显著高于空白试样。此外，掺加 FDN 的试样中钙矾石的含量略高于掺加 PCE 的试样。这进一步表明，PCE 和 FDN 的加入可以加速超细硫铝酸盐水泥基绿色快速加固材料的早期水化反应。由图 5.10 可以看出，三组试样中钙矾石的数量在经过 7 d 水化后进一步增加。此外，从 TG 曲线来看，三组试样中钙矾石的数量相当，这与 XRD 的测试结果相一致。

此外，在水化 7 d 后，三组试样中仍然检测到 AH$_3$，但 AFm 的吸热峰此时已经消失，这可能是由于其转变为钙矾石晶体引起的结果。

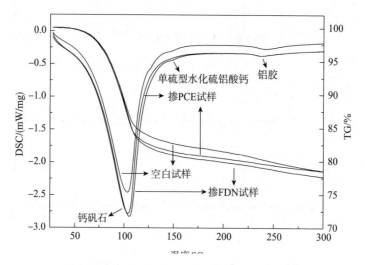

图 5.9　各试样在 4 h 龄期的 DSC–TG 图谱

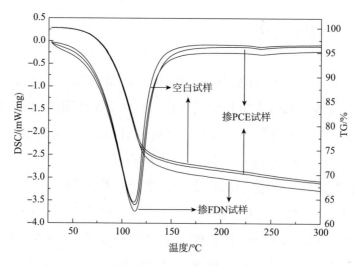

图 5.10　各试样在 7 d 龄期的 DSC–TG 图谱

5.4.6　SEM 分析

图 5.11 为三组试样在 4 h 和 7 d 龄期时的微观形貌照片。从图 5.11（a）、（b）和（c）中可以看出，在经历 4 h 的水化反应后，三组试样中

均生成了大量细针状的钙矾石晶体，但钙矾石晶体的分布特征明显不同。空白试样和掺加 PCE 的试样中形成的钙矾石晶体明显表现出高度的搭接和交错程度。然而，在掺加 FDN 的试样中产生的钙矾石晶体则倾向于依附在硫铝酸盐水泥熟料颗粒表面上并呈团簇状形态分布。图 5.11（d）、（e）和（f）显示了三组试样在 7 d 水化龄期时的微观形貌照片。可以看出，三组试样中的钙矾石含量在经过 7 d 水化后进一步显著增加。空白试样和掺加 PCE 的试样中钙矾石明显变得更致密，钙矾石晶体的搭接交错程度进一步显著提升。而在掺加 FDN 的试样中形成的钙矾石晶体在经过 7 d 水化反应后仍呈团簇状分布，反映出晶体之间较差的搭接交错程度。

（a）空白试样 –4 h

（b）掺 PCE 试样 –4 h

（c）掺 FDN 试样 –4 h

（d）空白试样 –7 d

图 5.11　各试样的微观形貌照片

（e）掺 PCE 试样 –7 d　　　　　　　（f）掺 FDN 试样 –7 d

图 5.11　各试样的微观形貌照片（续）

5.4.7　机理分析

超细硫铝酸盐水泥基绿色快速加固材料作为一种硫铝酸盐水泥基材料，其力学性能与钙矾石水化产物的形成规律密切相关。通常认为，钙矾石的生成量越大，硬化浆体的力学性能就越好。然而，从图 5.6、图 5.7 和图 5.9 中可以发现，在水化 4 h 后，掺有 FDN 的试样中钙矾石的含量高于空白试样，但其抗压强度明显较低。可以推断，钙矾石的含量并不是决定超细硫铝酸盐水泥基绿色快速加固材料硬化浆体物理力学性能的唯一因素。事实上，超细硫铝酸盐水泥基绿色快速加固材料硬化浆体的力学性能也与钙矾石的分布有关。根据 SEM 的测试结果，添加 FDN 后，超细硫铝酸盐水泥基绿色快速加固材料中生成的钙矾石主要呈团簇状分布，这显著降低了各晶体水化产物之间的整体搭接程度，导致钙矾石的晶格骨架效应难以发挥，并显著降低了硬化浆体的力学性能。与 FDN 类似，PCE 也可以在早期增加超细硫铝酸盐水泥基绿色快速加固材料硬化浆体中钙矾石的含量。PCE 的加入对超细硫铝酸盐水泥基绿色快速加固材料硬化浆体中钙矾石的晶格骨架效应没有影响。正是由于 PCE 的这些作用，使超细硫铝酸盐水泥基绿色快速加固材料硬化膏体的早期强度得到了一定程度的提高。

高效减水剂之所以能显著影响超细硫铝酸盐水泥基绿色快速加固材料中钙矾石的形成和分布，主要与其作用机理有关。现在通过图 5.12、图 5.13 和图 5.14 三个机理示意图来予以解释和说明。图 5.12 显示了空白试样中钙矾石的形成机制。众所周知，在硫铝酸盐水泥基材料体系中，钙矾石的形成主要遵循液相溶解沉淀理论。因此，在空白试样中，钙矾石晶体的形成过程可以描述如下。首先，从硫铝酸盐水泥熟料颗粒中释放的 AlO_2^- 离子与两个 OH^- 离子和两个 H_2O 分子结合形成 $[Al(OH)_6]^{3-}$。然后，通过 $[Al(OH)_6]^{3-}$ 与液相中的 Ca^{2+} 和 H_2O 分子结合形成 $\{Ca_6[Al(OH)_6]_224H_2O\}^{6+}$。最后，$\{Ca_6[Al(OH)_6]_224H_2O\}^{6+}$ 进一步与硬石膏溶解释放的 SO_4^{2-} 离子结合，形成完整的钙矾石晶体。由于硬石膏溶解速度慢，液相中 SO_4^{2-} 离子浓度低，扩散势能相对较小，难以在短时间内扩散到熟料颗粒周围。此时，在熟料颗粒附近形成的 $\{Ca_6[Al(OH)_6]_224H_2O\}^{6+}$ 可以有足够的时间扩散到远液相区域，并与 SO_4^{2-} 离子结合形成钙矾石晶核。液相中形成的钙矾石晶体由于缺乏晶体附着颗粒而表现出高度的交错生长和沉淀。此外，由于空白试样中超细颗粒之间的团聚效应，反应颗粒不能与水充分接触和溶解，这在一定程度上影响了空白试样早期水化阶段钙矾石的形成速率。

图 5.13 显示了掺加 PCE 的试样中钙矾石的形成机制。PCE 加入超细硫铝酸盐水泥基绿色快速加固材料中时，可以优先吸附在活性较强的熟料颗粒表面。由于 PCE 分子具有复杂的梳状结构，不会显著影响熟料颗粒中 y'elimite 的溶解和液相中 $\{Ca_6[Al(OH)_6]_224H_2O\}^{6+}$ 离子的形成。此外，由于 PCE 分子分支的疏水作用，液相中的 SO_4^{2-} 离子很难扩散到熟料颗粒表面的液相。同时，由于扩散势能低和 PCE 分子支链的疏水作用，硬石膏在液相中溶解释放的 SO_4^{2-} 离子将难以快速扩散到熟料颗粒周围的液相中。类似地，在熟料颗粒周围的液相中形成的 $\{Ca_6[Al(OH)_6]_224H_2O\}^{6+}$ 离子能够长距离扩散，并与 SO_4^{2-} 离子结合形成钙矾石晶体，并表现出复杂的交错分布。

掺加 FDN 的试样中钙矾石的形成机制如图 5.14 所示。与 PCE 类似，当 FDN 添加到超细硫铝酸盐水泥基绿色快速加固材料中时，FDN

也可以优先吸附在高活性熟料颗粒的表面。但与 PCE 不同的是，FDN 分子具有直链结构和小分子量。在水化初期，FDN 分子可以以水平吸附的形式吸附在熟料颗粒表面，严重阻碍无水硫铝酸钙矿物的溶解和 $\{Ca_6[Al(OH)_6]_224H_2O\}^{6+}$ 的形成。此时，从硬石膏溶解到液相中释放的 SO_4^{2-} 离子可以有足够的时间在熟料颗粒周围扩散，并与在熟料颗粒表面的液相中形成的 $\{Ca_6[Al(OH)_6]_224H_2O\}^{6+}$ 结合，形成钙矾石晶核。由于与熟料颗粒非常接近，钙矾石核会粘附在熟料颗粒的表面颗粒上，并以明显的团簇形式发展和生长。

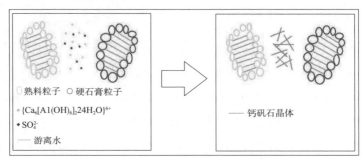

图 5.12　空白试样中钙矾石形成机理示意图

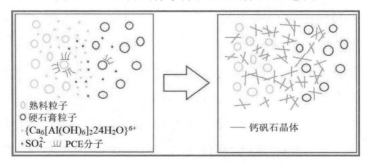

图 5.13　掺 PCE 试样中钙矾石形成机理示意图

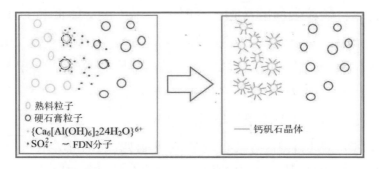

图 5.14　掺 FDN 试样中钙矾石形成机理示意图

5.5　本章小结

本章研究了 PCE 和 FDN 高效减水剂对超细硫铝酸盐水泥基绿色快速加固材料水化硬化性能的影响。根据调查结果，可以得出以下结论：

（1）PCE 和 FDN 的加入都能有效提高超细硫铝酸盐水泥基绿色快速加固材料浆体的初始流动度。在饱和含量条件下，PCE 的改性效果明显优于 FDN。

（2）USCGBM 浆体的初凝时间和终凝时间分别只有 6 min 和 10 min。PCE 的加入对超细硫铝酸盐水泥基绿色快速加固材料浆体的凝结时间没有显著影响。然而，添加 FDN 可以显著延长超细硫铝酸盐水泥基绿色快速加固材料浆体的凝结时间。FDN 含量越高，凝结时间越长。当 FDN 含量达到饱和时，超细硫铝酸盐水泥基绿色快速加固材料浆体的初凝时间和终凝时间相对于空白试样分别延长了 270 s 和 156 s。

（3）PCE 的加入可以加快超细硫铝酸盐水泥基绿色快速加固材料浆体的水化反应速率，提高水化早期钙矾石的生成量。因此，超细硫铝酸盐水泥基绿色快速加固材料硬化体的早期强度随着 PCE 的加入而增加。与 PCE 类似，FDN 也可以在水化早期增加超细硫铝酸盐水泥基绿色快速加固材料硬化体中钙矾石的生成量。但与 PCE 不同，FDN 的加入会导致超细硫铝酸盐水泥基绿色快速加固材料硬化浆体中形成的钙矾石晶体呈团簇分布，影响钙矾石晶格骨架效应的发挥，导致超细硫铝酸盐水泥基绿色快速加固材料硬化浆体的早期强度出现显著降低。

第6章 缓凝剂对超细硫铝酸盐水泥基绿色快速加固材料性能的影响及机理

6.1 引言

超细硫铝酸盐水泥基绿色快速加固材料显著具有放热量快、放热量集中的特点，造成浆体的凝结硬化速度快。因此，在实际加固过程中，难以保证浆体扩散至有效距离，从而影响其加固效果。而使用缓凝剂适当延长浆体的凝结时间能极大地改善其工作性能，显著增强其注浆加固效果。然而，缓凝剂的种类多种多样，不同种类的缓凝剂的缓凝机理也不相同。有些缓凝剂甚至还会显著影响水泥基材料的硬化性能，导致力学性能下降。为此，本章重点围绕几种缓凝剂对超细硫铝酸盐水泥基绿色快速加固材料早期性能的影响开展研究工作，从而为超细硫铝酸盐水泥基绿色快速加固材料选择合适的缓凝剂提供指导。

6.2 实验原材料

实验用超细硫铝酸盐水泥熟料、超细硬石膏和超细生石灰与 4.2 节相同。实验用缓凝剂有三种。其中，柠檬酸钠由天津市恒兴化学试剂制造有限公司生产，硼砂购自天津傅博迪化工股份有限公司，多聚磷酸钠购置天津市风船化学试剂科技有限公司。

6.3 浆体的制备

首先同样按照确定的最佳比例配制超细硫铝酸盐水泥基绿色快速加固材料。随后，按着设定的缓凝剂种类的掺量，将缓凝剂溶于拌和水中，再按照 1：1 的水灰比制备得到系列超细硫铝酸盐水泥基绿色快速加固材料浆体。

6.4 测试方法

6.4.1 流动性测试

采用 5.3.1 节描述的方法进行超细硫铝酸盐水泥基绿色快速加固材料浆体的流动性测试。

6.4.2 凝结时间测试

按照《水泥标准稠度用水量、凝结时间、安定性检验方法》（GB/T 1346—2011）描述的方法，采用标准维卡仪测试超细硫铝酸盐水泥基绿色快速加固材料浆体的凝结时间。

6.4.3 力学性能测试

将制备的各超细硫铝酸盐水泥基绿色快速加固材料浆体成型为 40 mm × 40 mm × 40 mm 的试样，在 20 ℃、相对湿度 95% 的环境中养护至 4 h、1 d、3 d、7 d；按照《水泥胶砂强度检验方法》（GB/T 17671—2020）描述的方法进行力学性能测试。

6.4.4 XRD 和 SEM 测试

力学性能测试完毕，取破型后的试样用无水乙醇浸泡 24 h 终止水化，随后将试样置于温度为 40℃、真空度为 0.08 MPa 的真空干燥箱中进行干燥处理。取部分烘干的试样进行粉磨并过 0.063 mm 的筛得到粉磨试样，用于 XRD 测试。在 Bruker D8 Advance X 射线衍射仪上用 CuKa 射线（$k = 0.15406$ nm）测试硬化浆体的 X 射线衍射（XRD）图谱。扫描范围为 5°～50°，步长为 0.02°。对未经研磨的干燥试样进行镀金处理，并用 Quanta 450 型扫描电镜观察水化产物的微观结构特征。

6.5　结果与讨论

6.5.1　缓凝剂对超细硫铝酸盐水泥基绿色快速加固材料凝结时间的影响

表 6.1 和图 6.1 所示为柠檬酸钠对超细硫铝酸盐水泥基绿色快速加固材料凝结时间的影响。可以看出，未掺加柠檬酸钠时，超细硫铝酸盐水泥基绿色快速加固材料的初凝时间和终凝时间分别为 6 min 和 10 min，明显凝结硬化较快。可见，在超细硫铝酸盐水泥基绿色快速加固材料实际应用时应考虑在一定程度上延长其凝结时间，以满足施工和保证注浆加固效果的需求。柠檬酸钠的加入对于延缓超细硫铝酸盐水泥基绿色快速加固材料的凝结具有显著的效果。当仅掺入 0.25% 的柠檬酸钠时，超细硫铝酸盐水泥基绿色快速加固材料的初凝时间和终凝时间分别显著延长至 30 min 和 45 min。继续增大柠檬酸钠的掺量，超细硫铝酸盐水泥基绿色快速加固材料的初凝和终凝时间又进一步显著延长。柠檬酸钠具有显著的缓凝效果，主要在于柠檬酸钠是一种羟基羧酸盐，其能够与超细硫铝酸盐水泥基绿色快速加固材料水化过程中液相中的 Ca^{2+} 结合，在硫铝酸盐水泥熟料粒子表面形成一层厚实而无定向的络合物膜层，从而抑制超细硫铝酸盐水泥基绿色快速加固材料的水化，导致其凝结时间显著延长。

表 6.1　柠檬酸钠对超细硫铝酸盐水泥基绿色快速加固材料凝结时间的影响

柠檬酸钠掺量 /%	初凝时间 /min	终凝时间 /min
0	6	10
0.25	30	45

续表

柠檬酸钠掺量 /%	初凝时间 /min	终凝时间 /min
0.3	41	50
0.5	75	100

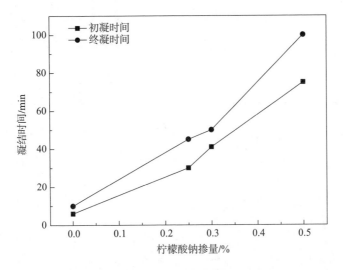

图 6.1　柠檬酸钠对超细硫铝酸盐水泥基绿色快速加固材料凝结时间的影响

硼砂对超细硫铝酸盐水泥基绿色快速加固材料凝结时间的影响，如表 6.2 和图 6.2 所示。可以看出，随着硼砂掺量的增大，超细硫铝酸盐水泥基绿色快速加固材料的初凝时间和终凝时间也呈现出延长的趋势。但是，当硼砂掺量较小时，对超细硫铝酸盐水泥基绿色快速加固材料的凝结时间影响不大。例如，当掺入 1% 的硼砂时，超细硫铝酸盐水泥基绿色快速加固材料的初凝时间仅延长了 5 min，而终凝时间则延长了 3 min。当硼砂的掺量大于 1.5% 时，才会使得超细硫铝酸盐水泥基绿色快速加固材料的凝结时间出现显著延长。例如，掺入 2% 的硼砂之后，超细硫铝酸盐水泥基绿色快速加固材料的初凝和终凝时间相对于空白试样分别延长至 36 min 和 44 min。相关文献资料表明，之所以硼砂能够延缓超细硫铝酸盐水泥基绿色快速加固材料的凝结硬化，其主要原因可能在于掺入硼砂后，能够在硫铝酸盐水泥熟料粒子表面生成硼酸钙，从而对熟料粒子形成包裹，进而阻碍超细硫铝酸盐水泥基绿色快速加固材料的水化进程，使其凝结时间有所延长。

表 6.2　硼砂对超细硫铝酸盐水泥基绿色快速加固材料凝结时间的影响

硼砂掺量 /%	初凝时间 /min	终凝时间 /min
0	6	10
0.5	8	11
0.75	9	12
1	11	13
1.5	19	26
2	36	44
3	55	63

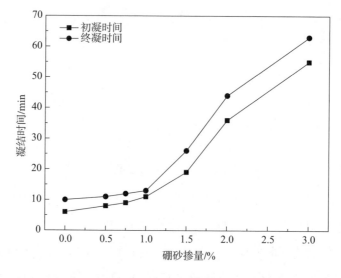

图 6.2　硼砂对超细硫铝酸盐水泥基绿色快速加固材料凝结时间的影响

表 6.3 和图 6.3 所示为多聚磷酸钠对超细硫铝酸盐水泥基绿色快速加固材料初凝和终凝时间的影响。可以看出，多聚磷酸钠的掺入同样可以显著延长超细硫铝酸盐水泥基绿色快速加固材料的凝结时间。当掺入 0.5% 的多聚磷酸钠时，超细硫铝酸盐水泥基绿色快速加固材料的初凝和终凝时间显著延长至 29 min 和 40 min。随后，继续增加多聚磷酸钠的掺量，超细硫铝酸盐水泥基绿色快速加固材料的初凝时间和终凝时间不再发生显著的变化。相关文献资料表明，多聚磷酸钠之所以能够延缓超细硫铝酸盐水泥基绿色快速加固材料的凝结硬化，其主要原因可能在于掺入的多聚磷酸钠能够在硫铝酸盐水泥熟料粒子表面与

钙离子生成某种复盐，进而阻碍钙矾石晶体的生长，最终延缓超细硫铝酸盐水泥基绿色快速加固材料的水化进程，使其凝结时间延长。

表 6.3　多聚磷酸钠对超细硫铝酸盐水泥基绿色快速加固材料凝结时间的影响

多聚磷酸钠掺量 /%	初凝时间 /min	终凝时间 /min
0	6	10
0.5	29	40
0.75	25	38
1	30	38

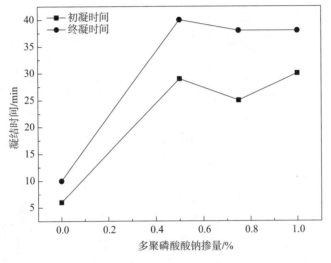

图 6.3　多聚磷酸钠对超细硫铝酸盐水泥基绿色快速加固材料凝结时间的影响

6.5.2　缓凝剂对超细硫铝酸盐水泥基绿色快速加固材料流动性的影响

测试了三种缓凝剂对超细硫铝酸盐水泥基绿色快速加固材料流动性能的影响后，根据凝结时间测试结果，选择以超细硫铝酸盐水泥基绿色快速加固材料初凝时间为 30 min 附近时的三种缓凝剂掺量（0.25% 柠檬酸钠、2% 硼砂、1% 多聚磷酸钠）作为研究对象，以观察缓凝剂对超细硫铝酸盐水泥基绿色快速加固材料初始流动度及其经时流动度的影响，结果如表 6.4 所示。可以看出，柠檬酸钠对浆液流动度有显著的提升作用，初始流动度达到 210 mm，相比空白试样增加了 50 mm；多聚磷酸钠对浆体初始流动度的提升作用并不明显，相比空白试样，其初始流动度仅增加 5 mm；而硼砂对浆体的初始流动度有较大的负面效果，其初始流动度相比空白试样减少了 30 mm。进一步分析可看出，三种缓凝剂都有减少经时流动度损失的作用，其中柠檬酸钠能显著降低浆液的经时流动度损失，直至 20 min 时，浆体的流动度仍有 120 mm。而硼砂和多聚磷酸钠对浆体的经时流动度损失的作用相近，例如，在 10 min 时，两种浆体的流动度都在 105 mm，但经时 20 min 后，两种浆体都已经完全失去流动度。

表 6.4　缓凝剂类型对超细硫铝酸盐水泥基绿色快速加固材料流动性的影响

时间	流动度 /mm			
	空白试样	掺柠檬酸钠试样	掺硼砂试样	掺多聚磷酸钠试样
初始	160	210	130	165
经时 2min	140	209	127	156
经时 5min	70	208	124	153
经时 10min	无法测定	201	105	105
经时 15min	无法测定	190	70	78
经时 20min	无法测定	120	无法测定	无法测定

6.5.3　缓凝剂对超细硫铝酸盐水泥基绿色快速加固材料早期强度的影响

早期强度是快速加固材料至关重要的性能之一。快速加固材料的早期强度的发展情况是直接决定注浆加固施工能否达到其施工目的的关键因素。因此，本章节测试了三种缓凝剂对超细硫铝酸盐水泥基绿色快速加固材料试样早期强度发展的影响。根据凝结时间测试结果，选择以超细硫铝酸盐水泥基绿色快速加固材料初凝时间为 30 min 时的三种缓凝剂掺量（0.25% 柠檬酸钠、2% 硼砂、1% 多聚磷酸钠）作为研究对象，测试其 4 h、1 d、3 d、7 d 的强度，并通过 XRD 和 SEM 分析其对强度的影响机理。

　　表 6.5 和图 6.4 为不同缓凝剂类型对超细硫铝酸盐水泥基绿色快速加固材料早期强度的影响，可以看出，柠檬酸钠对超细硫铝酸盐水泥基绿色快速加固材料的抗压强度发展的影响较小，其中 4 h 抗压强度可以达到 8.2 MPa，相比空白试样仅降低了 5.7%。7 d 强度为16.8 MPa，相比空白试样降低了 2.3%；而硼砂对超细硫铝酸盐水泥基绿色快速加固材料早期强度的影响很大，4 h 抗压强度仅有 5.4 MPa，相比空白试样降低了 37.9%，7 d 抗压强度为 10.8 MPa，相比空白试样降低了 37.2%；多聚磷酸钠对超细硫铝酸盐水泥基绿色快速加固材料抗压强度的影响较硼砂略小，但相比柠檬酸钠略大，其 4 h 抗压强度为 7.6 MPa，比空白试样降低 12.6%，7 d 抗压强度为 14.7 MPa，相比空白试样降低了 14.5%。

表 6.5　缓凝剂种类对 USMBGM 早期强度的影响

龄期	抗压强度 /MPa			
	空白试样	柠檬酸钠	硼砂	多聚磷酸钠
4 h	8.7	8.2	5.4	7.6
1 d	16.7	16.6	10.2	14.4
3 d	17.1	16.7	10.5	14.6
7 d	17.2	16.8	10.8	14.7

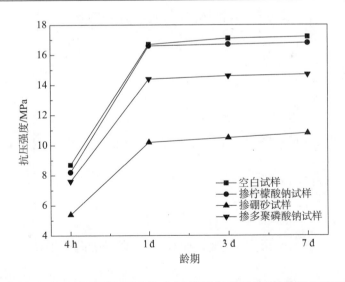

图 6.4　缓凝剂种类对超细硫铝酸盐水泥基绿色快速加固材料早期强度的影响

6.5.4　XRD 分析

图 6.5 所示为掺加各缓凝剂试样水化 4 h 龄期时的 XRD 图谱。可以看出，四组试样中水化产物均主要以钙矾石为主。钙矾石最强峰的 2θ 衍射角位于 9° 附近。钙矾石衍射峰的峰强能够反映出试样中钙矾石的生成量。为了直观地比较各类缓凝剂对超细硫铝酸盐水泥基绿色快速加固材料 4 h 钙矾石生成量的影响，将四组试样中钙矾石最强衍射峰的强度数据进行作图处理，如图 6.6 所示。

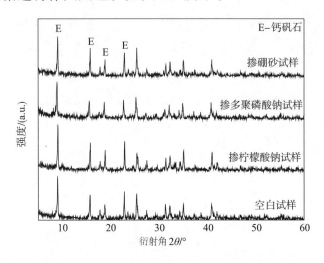

图 6.5　各试样在 4 h 龄期的 XRD 图谱

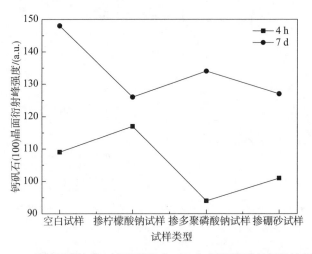

图 6.6　缓凝剂种类对钙矾石（100）晶面衍射峰强的影响

由图 6.6 可以看出，4 h 水化龄期时，空白试样中钙矾石的衍射峰强为 109。掺柠檬酸钠试样此时钙矾石衍射峰强为 117，要显著高于空白试样。可见，柠檬酸钠的掺入可以有效促进超细硫铝酸盐水泥基绿色快速加固材料 4 h 的水化。多聚磷酸钠和硼砂则呈相反的规律。即掺入多聚磷酸钠或硼砂后，超细硫铝酸盐水泥基绿色快速加固材料 4 h 钙矾石的生成量有所下降。一般而言，钙矾石的生成量与超细硫铝酸盐水泥基绿色快速加固材料的强度一般成正比关系，即钙矾石的生成量如果越大，则硫铝酸盐水泥基材料的强度也越高。掺多聚磷酸钠和掺硼砂试样 4 h 龄期水化产物钙矾石的生成量明显低于空白试样，因此，这两组试样的强度也低于空白试样。然而，掺柠檬酸钠的试样 4 h 水化产物钙矾石的生成量明显要高于空白试样，但其 4 h 强度却稍低于空白试样。另外，对比掺硼砂和掺多聚磷酸钠两组试样的 4 h 强度以及两组试样 4 h 钙矾石生成量的关系发现，同样没有遵循钙矾石生成量越多，强度也越高的基本规律。由此可见，钙矾石的生成量并不是决定超细硫铝酸盐水泥基绿色快速加固材料强度的唯一因素。

四组试样水化 7 d 龄期的 XRD 图谱如图 6.7 所示。结合图 6.6 可知，水化 7 d 龄期后，各试样中钙矾石的生成量均进一步提高。表明，随着水化龄期的深入，各试样的水化进程进一步加强，相应地，各试样的强度得以进一步增长。另外，掺缓凝剂试样 7 d 钙矾石的生成量要低于空白时试样，相应地，掺缓凝剂试样的 7 d 强度也低于空白试样。

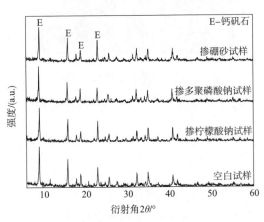

图 6.7　各试样在 7 d 龄期的 XRD 图谱

6.5.5 SEM 分析

为进一步分析缓凝剂对超细硫铝酸盐水泥基绿色快速加固材料物理力学性能的影响作用机理，对 4 h 和 7 d 龄期的空白试样、掺柠檬酸钠试样和掺硼砂试样进行了微观形貌测试，结果如图 6.8 和图 6.9 所示。

（a）空白试样　　　　　　　　　　（b）掺柠檬酸钠试样

（c）掺硼砂试样

图 6.8　各试样在 4 h 龄期的微观形貌

从 4 h 各试样的微观形貌可以看出，空白试样中有大量细针状水化产物钙矾石生成，并且钙矾石之间的搭接交错十分良好。从掺柠檬酸钠试样 4 h 龄期的微观形貌可以看出，同样有大量细针状的水化产物生成，但与空白试样不同的是，掺柠檬酸钠试样中钙矾石晶体多依附于水泥熟料粒子生长，这就造成了钙矾石晶体之间的搭接和交错明显减少。这就解释了为什么 4 h 龄期时，尽管掺柠檬酸钠试样中钙矾石的生成量高于空白试样，但其 4 h 强度却低于空白试样的原因。从掺硼砂试样 4 h 龄期的微观形貌照片可以看出，掺入硼砂后，超细硫铝酸盐水泥基绿色快速加固材料中钙矾石的生长发育明显不好，并且多依附于熟料粒子周围。从而造成了掺硼砂试样的 4 h 强度显著低于空白试样。

（a）空白试样

（b）掺柠檬酸钠试样

（c）掺硼砂试样

图 6.9　各试样 7d 龄期微观形貌

从图 6.9 可以看出，水化 7 d 龄期后，空白试样水化产物生成量进一步增多，同时可以观察到有白色絮状的 C–S–H 凝胶产物形成，结构进一步密实，相应的空白试样的 7 d 强度进一步提高。7 d 龄期，掺柠檬酸钠试样中有棒状的水化产物钙矾石生成，相对于 4 h 龄期，结构进一步密实。掺硼砂试样中钙矾石晶体的发育依然不良，尺寸明显较小。相应地，掺硼砂试样 7 d 强度明显低于空白试样。

6.6 本章小结

本章主要研究了缓凝剂种类对超细硫铝酸盐水泥基绿色快速加固材料水化硬化性能的影响规律和作用机理，得出的主要结论如下：

（1）柠檬酸钠、硼砂和多聚磷酸钠三种缓凝剂均可以有效延长超细硫铝酸盐水泥基绿色快速加固材料的凝结时间。其中，柠檬酸钠的缓凝效果最好，仅掺 0.25% 的柠檬酸钠便可以将初凝时间延长到 30 min，多聚磷酸钠次之，1% 掺量时凝结时间可达 30 min，硼砂低掺量情况下缓凝效果不佳，当硼砂掺量高于 1% 时，才能够显著发挥其缓凝效果。

（2）三种缓凝剂对超细硫铝酸盐水泥基绿色快速加固材料浆体流动性的影响不同。柠檬酸钠会增加超细硫铝酸盐水泥基绿色快速加固材料浆体的流动度，初始流动度达到了 210 mm，相比空白试样初始时刻的流动度增加 50 mm；多聚磷酸钠对超细硫铝酸盐水泥基绿色快速加固材料的初始流动度几乎无影响；硼砂则会降低超细硫铝酸盐水泥基绿色快速加固材料的初始流动度，相比空白试样初始流动度降低 30 mm。另外，三种缓凝剂均能增加超细硫铝酸盐水泥基绿色快速加固材料的流动度保持时间，其中柠檬酸钠效果最好，经时 20 min 后，浆体流动度仍有 120 mm，多聚磷酸钠和硼砂效果相近，但经时 15 min 后，浆体基本失去流动度。

（3）三种缓凝剂对超细硫铝酸盐水泥基绿色快速加固材料硬化浆体的早期强度均有不利的影响，但其影响程度不同，柠檬酸钠的影响最小，多聚磷酸钠次之，硼砂最小。结合 XRD 和 SEM 分析，柠檬酸钠会促进钙矾石晶体的成核，但会抑制某些晶面方向的钙矾石尺寸生长，最终使其钙矾石呈棒状形态；多聚磷酸钠则会与水泥粒子生成某种复盐，导致钙矾石的成核结晶速率延缓，从而影响其强度发展；而大量的硼砂则会导致水化产物中生成大量硼酸钙，包裹在水泥粒子表面，大大抑制了离子扩散速率，导致钙矾石的生成量大大减少，另外，硼砂还会导致钙矾石晶体发育不良，降低钙矾石的搭接交错程度，显著影响钙矾石晶体骨架效应的发挥。

第 7 章 可溶磷作用下超细硫铝酸盐水泥基绿色快速加固材料的水化硬化性能

7.1 引言

磷石膏是湿法磷酸工业排放的一种大宗工业副产石膏,其主要成分为二水硫酸钙,并且含量高达 90% 以上。有数据显示,当前我国磷石膏的年排放量在 7500 万吨左右,但由于磷石膏中有害杂质含量多,使用成本高,导致其综合利用率仅为 40%[154-155]。从磷石膏的化学成分来看,十分适合用于替代天然石膏制备超细硫铝酸盐水泥基绿色快速加固材料,但首先应探明其有害杂质的影响规律。磷石膏中有害杂质类型众多,如可溶性磷氟、共晶磷、难溶性磷氟、有机物等,这些杂质会以各种影响形式降低磷石膏的应用性能。但研究表明,在众多杂质中属可溶性 P_2O_5 的危害最为显著[156-157]。例如,在利用磷石膏制备石膏胶凝材料时,可溶性 P_2O_5 的存在会造成需水量显著增大,导致石膏制品强度显著降低;在利用磷石膏代替天然石膏制备硅酸盐水泥时,可溶性 P_2O_5 会改变水泥熟料矿物的水化特征,进而对水泥的凝结时间、早期强度等物理力学性能等产生不利影响。因此,为消除有害杂质的不利影响,常需对磷石膏进行水洗、石灰中和等预处理,这是导致磷石膏应用成本高、难以规模化利用的最根本原因[158-161]。

事实上,将磷石膏应用于超细硫铝酸盐水泥基绿色快速加固材料体系中，可以很好地避免可溶性 P_2O_5 的危害。这主要是由于超细硫铝酸盐水泥基绿色快速加固材料是一种双液型加固材料，其主浆液主要由硫铝酸盐水泥熟料和改性组分构成，辅助浆液则由石膏、生石灰、改性剂等组成。因此，在利用磷石膏制备超细硫铝酸盐水泥基绿色快速加固材料时，可借助辅助浆液的饱和石灰溶液环境预先对其所含的可溶性 P_2O_5 实施中和固化，从而消除其对混合浆液体系水化硬化的影响。但关于这方面的研究还尚未见报道。基于此，本章节开展了可溶性 P_2O_5 对超细硫铝酸盐水泥基双液注浆材料早期水化性能的影响研究，主要研究可溶性 P_2O_5 对超细硫铝酸盐水泥基绿色快速加固材料凝结时间、早期强度的影响，同时借助于 XRD、DSC–TG、SEM 等分析方法，阐述了可溶性 P_2O_5 对水化产物钙矾石形成速率、形貌及分布特征的影响，并根据钙矾石"溶解 – 沉淀"形成理论，探讨了可溶性 P_2O_5 的影响作用机理。本研究能够为磷石膏在超细硫铝酸盐水泥基绿色快速加固材料体系中的高效应用提供一定的理论指导。

7.2 实验原材料

实验用的超细硫铝酸盐水泥熟料和超细生石灰与 2.2 节描述的相同。实验用超细二水石膏由普通粒径二水石膏粉经行星式球磨机粉磨过 25 μm 筛子制得。实验用可溶性 P_2O_5 由磷酸引入，购置于烟台市双双化工有限公司，H_3PO_4 含量为 85 wt%。

7.3 超细硫铝酸盐水泥基绿色快速加固材料浆体的制备

根据先前的研究，实验用超细硫铝酸盐水泥基绿色快速加固材料的 A 浆液由超细硫铝酸盐水泥熟料、拌合水、聚羧酸减水剂构成。按照水灰比为 1∶1、减水剂掺量为 0.2% 的配比计量，搅拌均匀得到 A 浆液。B 浆液由超细二水石膏、超细生石灰、聚羧酸减水剂、可溶性 P_2O_5（磷酸引入）、拌合水构成。其中，石膏与生石灰的比例为 8∶2、水灰比为 1 ∶ 1、减水剂掺量为 0.06%，设定可溶性 P_2O_5 的外掺量分别为石膏用量的 0%、0.2%、0.4%、0.8%、1.5% 和 2.0%。制备 B 浆液时，首先将计量好的可溶性 P_2O_5 和减水剂预先溶解于拌合水中，随后再加入称量好的超细石膏、超细生石灰搅拌均匀即可得到不同可溶性 P_2O_5 掺量的 B 浆液。将制备得到的 A 浆液和 B 浆液按照 1 ∶ 1 的比例等体积混合后得到超细硫铝酸盐水泥基绿色快速加固材料浆体。对于掺不同可溶性 P_2O_5 含量的超细硫铝酸盐水泥基绿色快速加固材料浆体试样参照以下方式命名。例如，对掺 0.2% 可溶性 P_2O_5 的试样，命名为 S－0.2%P。其他试样命名方式以此类推。

7.4　测试方法

7.4.1　凝结时间的测定

用标准维卡仪参照《水泥标准稠度用水量、凝结时间、安定性检验方法》（GB/T 1346—2011）测试超细硫铝酸盐水泥基绿色快速加固材料浆体的初凝与终凝时间。

7.4.2　水化热的测定

参照《水泥水化热测定方法》（GB/T 12959—2008），采用 Shr–650 型号的水化热测试仪测试各超细硫铝酸盐水泥基绿色快速加固材料浆体在不同水化时刻的放热量。

7.4.3　力学性能的测定

将超细硫铝酸盐水泥基绿色快速加固材料浆体成型为 40 mm × 40 mm × 40 mm 的试样，在标准状况下养护至规定龄期，按照《水泥胶砂强度检验方法（ISO 法）》（GB/T 17671—1999）对各试样的抗压强度进行测试。

7.4.4　XRD、DSC-TG 和 SEM 测试

抗压强度测试完毕,取破型后的各试样并用无水乙醇终止水化 24 h,此后,在 35℃和 0.08 MPa 真空度条件下烘至绝干。取部分干燥试样并研磨至 0.063 mm 以下。采用 Bruker D8 Advance 型 X 射线衍射仪对各试样进行矿物定性分析,扫描范围为 5°～50°,步长为 0.02°。采用型号为 STA449F3 的同步热分析仪对各试样进行 DSC-TG 热分析测试,测试条件为:升温速率为 10℃/min,氮气气氛。对未粉磨的固态干燥试样进行喷金处理后,采用型号为 Quanta 450 的扫描电镜观测试样的微观形貌特征。

7.4.5　B 浆液液相成分测试

采用阳离子树脂交换 – 中和法测定制备的不同 P_2O_5 掺量的各 B 浆液中 SO_4^{2-} 离子在不同时刻的溶出速度。

7.5　结果与讨论

7.5.1　凝结时间

表 7.1 所示为可溶性 P_2O_5 掺量对超细硫铝酸盐水泥基绿色快速加固材料浆体凝结时间的影响。可以看出,对于未掺可溶性 P_2O_5 的空白浆体,其初凝时间和终凝时间分别仅为 10 min24 s 和 12 min11 s,反映出超细硫铝酸盐水泥基绿色快速加固材料具有较快的凝结硬化特征。掺入可溶性 P_2O_5 后,超细硫铝酸盐水泥基绿色快速加固材料浆体的凝结时间未受到显著影响,掺加不同可溶性 P_2O_5 含量的各浆体的凝结时间均与空白浆体相当。可见,可溶性 P_2O_5 的存在并不会对超细硫铝酸盐水泥基绿色快速加固材料的凝结硬化速度产生较大影响。

表 7.1　可溶性 P_2O_5 掺量对超细硫铝酸盐水泥基绿色快速加固材料凝结时间的影响

试样编号	初凝时间	终凝时间
S–0.0%P	10 min24 s	12 min11 s
S–0.2%P	10 min25 s	12 min40 s
S–0.4%P	10 min47 s	12 min08 s
S–0.8%P	10 min30 s	11 min59 s
S–1.5%P	10 min14 s	11 min44 s
S–2.0%P	10 min05 s	11 min50 s

7.5.2　抗压强度

可溶性 P_2O_5 掺量对超细硫铝酸盐水泥基绿色快速加固材料抗压强度的影响如图 7.1 所示。未掺加可溶性 P_2O_5 的空白试样的早期强度明显较低，其在 4 h、1 d、3 d、7 d 龄期的抗压强度分别仅为 2.7 MPa、7.6 MPa、7.8 MPa 和 7.7 MPa。随着可溶性 P_2O_5 的掺入，超细硫铝酸盐水泥基绿色快速加固材料硬化体的早期强度出现了明显的增大。并且，随着可溶性掺量从 0.2% 增加至 1.5%，硬化体的早期强度呈逐渐显著增大的趋势。当掺入 1.5% 的可溶性 P_2O_5 时，硬化体具有最高的早期强度，其 4 h、1 d、3 d、7 d 龄期抗压强度分别达到了 8.2 MPa、16.8 MPa、16.7 MPa 和 17 MPa，相比于空白试样分别增加 204%、121%、114% 和 121%。此后，继续增大可溶性 P_2O_5 的掺量至 2.0%，硬化体的早期强度又出现了明显的下降。抗压强度的测试结果表明，可溶性 P_2O_5 的掺入十分有利于改善和提高超细硫铝酸盐水泥基绿色快速加固材料硬化体的早期力学性能，这为磷石膏资源特别是可溶性 P_2O_5 杂质含量高的低品质磷石膏在超细硫铝酸盐水泥基绿色快速加固材料体系中的高效应用提供了可能性。

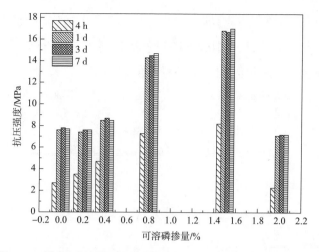

图 7.1　可溶性 P_2O_5 掺量对超细硫铝酸盐水泥基绿色快速加固材料抗压强度的影响

7.5.3　XRD 分析

　　为探明可溶性 P_2O_5 对超细硫铝酸盐水泥基绿色快速加固材料早期性能的影响机理，选取可溶性 P_2O_5 掺量为 0%、1.5%、2.0% 的三组试样进行 X 射线衍射分析。图 7.2 所示为三组试样在 4 h 龄期时的 XRD 图谱。对于未掺可溶性 P_2O_5 的空白试样，仅经过 4 h 的水化便检测到了较强的水化产物钙矾石晶体的衍射峰，但此时还检测到存在较多数量的仍未反应的二水石膏和无水硫铝酸钙矿物。对于掺加 1.5% 可溶性 P_2O_5 的试样，经过 4 h 水化同样生成了大量的水化产物钙矾石。并且从峰强对比来看，其相对于空白试样钙矾石的生成量明显更多。这表明，掺加 1.5% 的可溶性 P_2O_5 能够显著加速超细硫铝酸盐水泥基绿色快速加固材料的早期水化进程。相应地，经过 4 h 水化，掺 1.5% 可溶性 P_2O_5 试样中未反应的二水石膏和无水硫铝酸钙矿物的数量明显相对较少，只检测到了微弱的衍射峰。而可溶性 P_2O_5 掺量高达 2.0% 的试样，经过 4 h 水化后，其钙矾石的生成量又出现了显著的下降。这表明，掺入过多的可溶性 P_2O_5 会对超细硫铝酸盐水泥基绿色快速加固材料的早期水化进程产生显著的阻碍作用。图 7.3 为三组试样在 7 d 龄期时的 XRD 图谱。可以看出，经过 7 d 龄期的水化，各试样中钙矾石的生成量相对于 4 h 龄期进一步增加。并且，经过 7 d 水化，三组试样中钙矾石的数量相当。此外，三组试样中均未检测到二水石膏和无水硫铝酸钙矿物的特征峰，表明此时其以消耗殆尽。

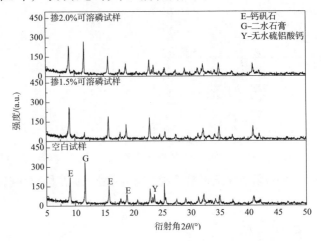

图 7.2　各试样在 4 h 龄期时的 XRD 图谱

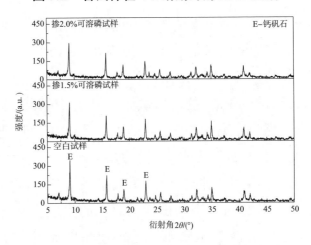

图 7.3　各试样在 7 d 龄期时的 XRD 图谱

7.5.4　DSC-TG 分析

进一步对可溶性 P_2O_5 掺量为 0%、1.5% 和 2.0% 的三组试样进行同步热分析测试，结果如图 7.4 和图 7.5 所示。如图 7.4 可知，经过 4 h 龄期水化，三组试样均在 120℃附近检测到了很强的钙矾石吸热峰。并且，从失重曲线来看，掺 1.5% 可溶性 P_2O_5 试样中钙矾石的数量最多。此外，在 250℃ 附近，三组试样中均检测到了有铝胶水化产物的形成。另外，由于掺 0% 和 2.0% 可溶性 P_2O_5 试样经 4 h 水化后生成的钙矾石数量相对较少，相应地，在这两组试样中均检测到了明显的未反应的二水石膏的吸热峰。由图 7.5 可知，经过 7 d 水化，三组试样中钙矾石的生成量相对于 4 h 龄期时均进一步有所增加。并且从失重曲线来看，经过 7 d 水化三组试样中钙矾石的数量相当。相应地，各试样中二水石膏的吸热峰消失，表明此时其已反应消耗殆尽。整体上，热分析的测试结果与 XRD 的测试结果相一致。

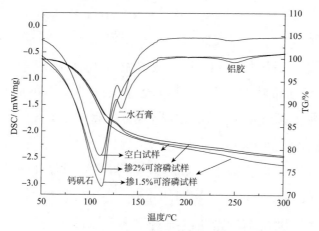

图 7.4　各试样在 4 h 龄期时的 DSC–TG 曲线

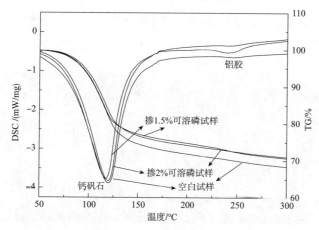

图 7.5　各试样在 7 d 龄期时的 DSC–TG 曲线

7.5.5　SEM 分析

图 7.6 所示为 P_2O_5 掺量为 0%、1.5%、2.0% 的三组试样在 4 h 和 7 d 龄期的微观形貌照片。从图 7.6（a）、（b）和（c）可以看出，经过 4 h 水化，三组试样中均生成了大量的细针状钙矾石水化产物，但钙矾石的分布特征有明显区别。对于空白试样，其所形成的钙矾石晶体互相依附，多表现为团簇状分布状态。而对于掺 1.5% 可溶性 P_2O_5 试样，其所生成的钙矾石晶体之间显著呈现出高度的搭接交错分布，这种分布状态显然十分有利于充分发挥钙矾石晶体的强度骨架效应，从而赋予该试样较高的 4 h 强度。对于掺 2.0% 可溶性 P_2O_5 试样，其形成的钙矾石分布状况与空白试样类似，同样呈团簇状分布，并且尺寸明显更小，生长发育不良。空白试样和掺 2.0% 可溶性 P_2O_5 试样中，这种钙矾石团簇状生长与分布状况，显然难以充分发挥钙矾石的强度骨架效应，因而造成该两组试样的 4 h 强度显著较低。此外，4 h 龄期时在空白试样和掺 2.0% 可溶性 P_2O_5 试样中还观察到了未反应的长柱状的二水石膏晶体，这也进一步验证了 XRD 和热分析的测试结果。由图 7.6（d）、（e）和（f）可知，经过 7 d 龄期的水化，三组试样中钙矾石的数量明显进一步增多，微观结构密实度显著增大。因此，三组试样 7 d 龄期的强度相比于 4 h 时有了显著提高。但由于空白试样和 2.0% 可溶性 P_2O_5 试样中形成的钙矾石更多地表现为团簇状分布，造成该两组试样在 7 d 龄期的强度同样要显著低于掺 1.5% 可溶性 P_2O_5 的试样。

（a）S－0.0%P－4 h　　　　　（b）S－1.5%P－4 h

图 7.6　各试样硬化体的微观形貌

（c）S-2.0%P-4 h　　　　　　（d）S-0.0%P-7 d

（e）S-1.5%P-7 d　　　　　　（f）S-2.0%P-7 d

图 7.6　各试样硬化体的微观形貌（续）

7.5.6　机理分析

　　超细硫铝酸盐水泥基绿色快速加固材料作为硫铝酸盐水泥基材料的一种，水化产物钙矾石的形成规律对其宏观性能有着决定性的影响。许多研究表明，在硫铝酸盐水泥基材料体系中，钙矾石的形成主要遵循液相"溶解-沉淀"理论。因此，在超细硫铝酸盐水泥基绿色快速加固材料中，钙矾石的形成过程可以描述为：首先由硫铝酸盐水泥熟料粒子溶解释放的 AlO_2^- 结合 2 个 OH^- 和 2 个 H_2O 分子形成 $[Al(OH)_6]^{3-}$ 铝氧八面体，然后 $[Al(OH)_6]^{3-}$ 再与 Ca^{2+} 和 H_2O 结合形成 $\{Ca_6[Al(OH)_6]_2 \cdot$

24H$_2$O}$^{6+}$ 多面柱体,最后 3 个 SO$_4^{2-}$ 和 2 个 H$_2$O 分子进入 {Ca$_6$[Al（OH）$_6$]$_2$·24H$_2$O}$^{6+}$ 多面柱体的沟槽内,形成完整的钙矾石晶体结构。研究表明,在众多离子中,形成速率最慢的 [Al(OH)$_6$]$^{3-}$ 为形成钙矾石的控制步骤。

根据 SEM 的测试结果,可溶性 P$_2$O$_5$ 的掺入显著影响了超细硫铝酸盐水泥基绿色快速加固材料硬化体中钙矾石的分布规律,进而显著引起力学性能的变化。进一步结合钙矾石的液相"溶解－沉淀"形成理论,在不改变超细硫铝酸盐水泥基绿色快速加固材料组成体系的情况下,可推断可溶性 P$_2$O$_5$ 的掺入主要在于能够引起石膏溶解特性发生改变,进而影响硬化体中钙矾石的形成与分布规律。为深入揭示可溶性 P$_2$O$_5$ 的影响机理,现通过图 7.7、图 7.8、图 7.9 三个机理示意并结合表 7.2、图 7.10 和图 7.11 的测试结果给予解释。

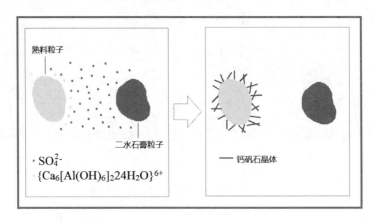

图 7.7　未掺可溶性 P$_2$O$_5$ 的空白试样中钙矾石形成机理示意图

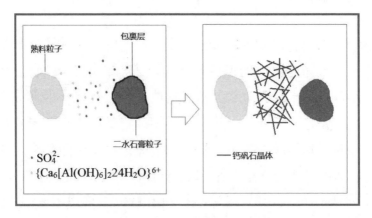

图 7.8　掺 1.5% 可溶性 P$_2$O$_5$ 试样中钙矾石形成机理示意图

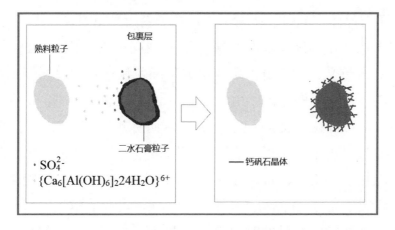

图 7.9　掺 2.0% 可溶性 P_2O_5 试样中钙矾石形成机理示意图

表 7.2　P_2O_5 掺量对辅助浆液中 SO_4^{2-} 离子溶出速度的影响　单位：mmol/L

P_2O_5 掺入量 /%	10 min	0.5 h	4 h	8 h
0	11.2	13.8	15.7	16.9
1.5	6.6	7.2	8.4	9.2
2.0	2.1	2.4	3.8	6.5

　　图 7.7 为未掺可溶性 P_2O_5 的空白试样中钙矾石的形成机理示意图。一旦空白试样遇水以后，其所含熟料矿物、二水石膏、生石灰便开始向液相中溶解释放 AlO_2^-、Ca^{2+}、SO_4^{2-}、OH^- 等各反应离子。但由于二水石膏粒子溶解速率较快（表 7.2），其遇水后便能够迅速向液相中溶解释放大量的 SO_4^{2-} 离子，并以较高的扩散势能快速扩散至熟料矿物粒子附近的低 SO_4^{2-} 离子浓度液相区域。同时，熟料中的无水硫铝酸钙矿物也要向液相中溶解释放 AlO_2^- 离子，AlO_2^- 离子一旦溶出便能够和位于熟料粒子附近液相中的 Ca^{2+}、OH^- 和水分子结合形成 ${Ca_6[Al(OH)_6]_2 \cdot 24H_2O}^{6+}$ 多面柱并向低浓度区域扩散。但由于熟料中无水硫铝酸钙溶解和释放 AlO_2^- 的速率较慢，位于熟料粒子附近液相中形成的 ${Ca_6[Al(OH)_6]_2 \cdot 24H_2O}^{6+}$ 多面柱数量较少，扩散势能小。当 ${Ca_6[Al(OH)_6]_2 \cdot 24H_2O}^{6+}$ 多面柱尚未扩散至远离熟料粒子的液相区域时便与已经扩散至熟料粒子附近液相中的 SO_4^{2-} 离子结合

生成钙矾石晶体，同时，依附于熟料粒子表面呈团簇状方式生长。

当向超细硫铝酸盐水泥基绿色快速加固材料中引入 1.5% 可溶性 P_2O_5 时，由于受到超细硫铝酸盐水泥基绿色快速加固材料辅助浆液的饱和石灰溶液的预先固化作用，可溶性 P_2O_5 会转变为难溶的磷酸钙并沉积在二水石膏粒子表面（图 7.10），从而有效降低了二水石膏粒子溶解释放硫酸根离子的速度（表 7.2），结果造成该试样液相中，SO_4^{2-} 的扩散势能相对小得多，很难在短时间内扩散至位于熟料矿物粒子附近的液相区域。此时，在熟料离子附近液相区域形成的 $\{Ca_6[Al(OH)_6]_2 \cdot 24H_2O\}^{6+}$ 便能够有充足的时间扩散至距离熟料粒子较远的液相区域并与 SO_4^{2-} 离子结合形成钙矾石，最终大部分钙矾石晶体将在距离熟料粒子较远的液相区域沉淀析出。由于缺乏熟料矿物粒子的依附结晶作用，在距离熟料粒子较远的液相中形成的钙矾石晶体将表现出高度的互相交错搭接式析出和生长（图 7.8）。

当向超细硫铝酸盐水泥基绿色快速加固材料引入更多的可溶性 P_2O_5（2%）时，可能会导致在二水石膏粒子表面形成较厚的磷酸钙壳层，进而严重减缓其向液相中溶解释放硫酸根离子的速度（表 7.2）。这种情况下可能会造成位于熟料矿物粒子周围液相中形成的 $\{Ca_6[Al(OH)_6]_2 \cdot 24H_2O\}^{6+}$ 能够有充分的时间扩散至二水石膏粒子周围液相中，从而使液相中析出的钙矾石晶体发育不良并依附于二水石膏粒子表面呈团簇状生长[图 7.6（c）]。为进一步证实此推断结论，对三组试样进行了水化热的测试，如图 7.11 所示。可以看出，对于掺 2.0% 可溶性 P_2O_5 的试样，其在初期的水化放热量相对于空白试样和掺 1.5% 可溶性 P_2O_5 的试样明显较小。因此，在超细硫铝酸盐水泥基绿色快速加固材料组成材料不变的情况下，对于掺 2.0% 可溶性 P_2O_5 试样早期水化放热量较小，可归结为过多的可溶性 P_2O_5 掺入并在石膏粒子表面固化沉积进而严重阻碍石膏粒子的溶解所造成的，而这也是造成掺 2.0% 可溶性 P_2O_5 试样中早期钙矾石发育不良的主要原因。

另外，之所以空白试样和掺 2.0% 可溶性 P_2O_5 试样在水化 4 h 时生成的钙矾石数量明显少于掺 1.5% 可溶性 P_2O_5 的试样，可能与该两组试样中钙矾石的团簇状生长方式产生的水化阻碍作用有关。

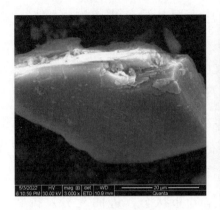
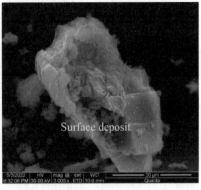

（a）掺加前　　　　　　　　　（b）掺加后

图 7.10　掺 1.5% 可溶性 P_2O_5 前后超细硫铝酸盐水泥基绿色快速加固材料辅助
浆液中二水石膏粒子的微观形貌

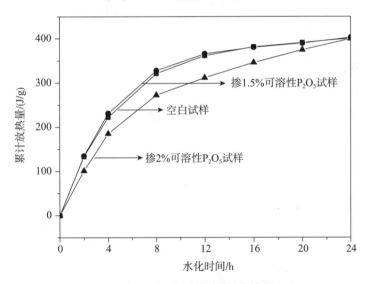

图 7.11　各试样的水化放热量

7.6　本章小结

本章重点研究了石膏类型对超细硫铝酸盐水泥基绿色快速加固材料水化硬化行为的影响，得出的主要结论如下：

（1）可溶性 P_2O_5 的加入不会显著影响超细硫铝酸盐水泥基绿色快

速加固材料浆体的凝结时间。当可溶性 P_2O_5 的掺量在 $0 \sim 1.5\%$ 范围时，随着其掺入量的增加，超细硫铝酸盐水泥基绿色快速加固材料硬化体早期强度逐渐显著增大。掺入 1.5% 可溶性 P_2O_5 时，硬化体的 4 h、7 d 抗压强度相比于空白试样分别增加 204% 和 121%。

（2）可溶性 P_2O_5 在最佳掺量条件下，可以显著加快超细硫铝酸盐水泥基绿色快速加固材料中水化产物钙矾石的生成速率，同时借助于超细硫铝酸盐水泥基绿色快速加固材料辅助浆液的饱和石灰溶液环境对可溶性 P_2O_5 产生的固化作用，还可以显著优化钙矾石的分布特征，使其由团簇状转变为高度的搭接交错分布状态，进而充分发挥钙矾石晶体的强度骨架效应。

第 8 章　可溶氟作用下超细硫铝酸盐水泥基绿色快速加固材料的水化硬化规律

8.1　引言

磷石膏中除了含有危害最大的可溶性磷杂质外，还含有一定量的危害较大的可溶性氟杂质。在磷石膏中可溶性氟（F）杂质主要以 F⁻、KF、NaF 的形式存在。磷石膏中可溶性氟的含量与其粒径分布有关。磷石膏的粒径越大，可溶性氟的含量就越高。研究表明，利用磷石膏制备建筑石膏时，可溶氟化物会缩短磷建筑石膏的凝结时间，容易导致磷建筑石膏标准稠度用水量增大，降低石膏硬化体的密度和强度。当磷建筑石膏粉中可溶氟的质量分数超过 0.3% 时，对强度影响更为明显，可溶氟会使得半水石膏水化过程中形成二水石膏，晶体结构粗化，晶体网络层之间的相互搭接点数量减少，最终导致强度下降。谭明洋等[162]研究了可溶氟对硅酸盐水泥凝结时间的影响，结果表明，可溶氟在碱性的硅酸盐水泥体系中会转变成难溶性氟盐沉积在水泥粒子表面，延缓水泥的早期水化，显著延长水泥的凝结时间。此外，相关学者[163]为促进磷石膏在硫铝酸盐水泥中的应用，研究了可溶氟对硫铝酸盐水泥性能的影响。结果表明，可溶氟的存在会显著降低硫铝酸盐水泥的流动性和缩短凝结时间。因此，为实现磷石膏在超细硫铝酸盐水泥基绿色快速加固材料中的应用，十分有必要探明可溶性氟对超细硫铝酸盐水泥基绿色快速加固材料水化硬化性能的影响。基于此，本章主要研究可溶性氟对超细硫铝酸盐水泥基绿色快速加固材料凝结时间、早期强度等性能的影响规律，以及在可溶氟的作用下，超细硫铝酸盐水泥基绿色快速加固材料水化产物钙矾石的形成速率、微观形貌及分布特征，以此揭示可溶性氟的影响作用机理。

8.2　实验原材料

实验所用超细硫铝酸盐水泥熟料、超细二水石膏、超细生石灰与2.2节相同。实验中可溶氟以氟化钠的形式引入，氟化钠购置于济南汇丰达化工有限公司，其有效含量为99%。

8.3　主要仪器设备

本实验主要使用的仪器设备见表8.1。

表8.1　主要仪器设备

仪器名称	型号	生产厂家
X射线衍射仪	XPert pro	荷兰帕纳科
抗压试验机	DYE-10AKN	无锡甲优仪器有限公司
电子计重天平	YP20KN	上海舜宇恒平科学仪器厂
电热恒温干燥箱	202A-1	南京沃环科技实业有限公司
扫描电子显微镜	FEI	FEI飞雅贸易有限公司
压力试验机	TYE-300C	无锡建仪仪器机械有限公司

8.4　超细硫铝酸盐水泥基绿色快速加固材料浆体的制备

实验用超细硫铝酸盐水泥基绿色快速加固材料的A浆液由超细硫铝酸盐水泥熟料、拌合水、聚羧酸减水剂构成。按照水灰比为1∶1、减水剂掺量为0.2%的配比计量，搅拌均匀得到A浆液。B浆液由超细二水石膏、超细生石灰、聚羧酸减水剂、可溶性F(氟化钠引入)、拌合水构成。其中，石膏与生石灰的比例为 8 ∶ 2、水灰比为 1 ∶ 1、减水剂掺量为 0.06%，设定氟化钠的外掺量分别为石膏用量的 0、0.1%、0.2%、0.4%、0.8%、1.0%、1.5%、2.0%。制备 B 浆液时，首先将计量好的氟化钠和减水剂预先溶解于拌合水中，随后再加入称量好的超细石膏、超细生石灰，搅拌均匀即可得到系列不同的可溶性氟掺量的 B 浆液。将制备得到的 A 浆液和 B 浆液按照 1 ∶ 1 的比例等体积混合后，得到超细硫铝酸盐水泥基绿色快速加固材料浆体。

8.5　测试方法

8.5.1　凝结时间测试

用标准维卡仪参照《水泥标准稠度用水量、凝结时间、安定性检验方法》（GB/T 1346—2011）测试超细硫铝酸盐水泥基绿色快速加固材料浆体的初凝与终凝时间。

8.5.2　力学性能测试

将超细硫铝酸盐水泥基绿色快速加固材料浆体成型为 40 mm × 40 mm × 40 mm 的试样，在标准状况下养护至规定龄期，按照《水泥胶砂强度检验方法（ISO 法）》（GB/T 17671—1999）对各试样的抗压强度进行测试。

8.5.3　XRD、DSC-TG 和 SEM 测试

抗压强度测试完毕，取破型后的各试样并用无水乙醇终止水化 24 h，此后，在 35℃和 0.08 MPa 真空度条件下烘至绝干。取部分干燥试样并研磨至 0.063 mm 以下。采用 Bruker D8 Advance 型 X 射线衍射仪对各试样进行矿物定性分析，扫描范围为 5°～50°，步长为 0.02°。采用型号为 STA449F3 的同步热分析仪对各试样进行 DSC-TG 热分析测试，测

试条件为：升温速率为 10℃ /min，氮气气氛。对未粉磨的固态干燥试样进行喷金处理后，采用型号为 Quanta 450 的扫描电镜观测试样的微观形貌特征。

8.6 结果与讨论

8.6.1 凝结时间

图 8.1 所示为不同氟化钠掺量下超细硫铝酸盐水泥基绿色快速加固材料的初凝和终凝时间。对于不掺氟化钠的空白试样，其初凝时间为 10 min24 s、终凝时间为 12 min11 s，随着氟化钠掺量的增加，超细硫铝酸盐水泥基绿色快速加固材料的凝结时间略有缩短，但从总体上看，氟化钠对超细硫铝酸盐水泥基绿色快速加固材料的凝结时间没有太大影响。例如，氟化钠掺量为 2% 的超细硫铝酸盐水泥基绿色快速加固材料的凝结时间最短，但相对于空白试样，其凝结时间仅缩短了 2 min31 s。综上，氟化钠对超细硫铝酸盐水泥基绿色快速加固材料的凝结时间未产生显著的影响。

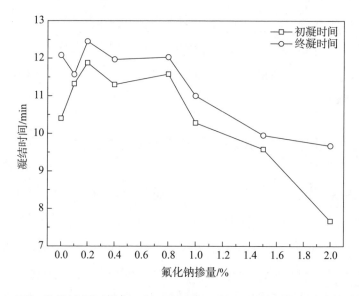

图 8.1　不同氟化钠掺量下超细硫铝酸盐水泥基绿色快速加固材料的凝结时间

8.6.2　抗压强度

图 8.2 所示为不同氟化钠掺量下超细硫铝酸盐水泥基绿色快速加固材料的抗压强度。对于未掺加氟化钠的空白试样，其 4 h、1 d、3 d、7 d 的抗压强度分别为 0.65 MPa、1.2 MPa、2.7 MPa、2.8 MPa，可以看出本组的早期强度较低。随着氟化钠掺量的增加，超细硫铝酸盐水泥基绿色快速加固材料的抗压强度呈先增加后减小的趋势。当氟化钠掺量为 1% 时，超细硫铝酸盐水泥基绿色快速加固材料各龄期的抗压强度达到最大，分别为 5.25 MPa、10.68 MPa、13.15 MPa、15.66 MPa。相比于空白试样，早期抗压强度提高了约 9 倍，而后期强度提高了约 6 倍。综上，氟化钠对超细硫铝酸盐水泥基绿色快速加固材料的早期强度有显著的提高，对其后期强度也有较大提高。

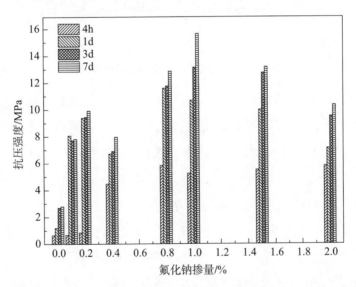

图 8.2　不同氟化钠掺量下超细硫铝酸盐水泥基绿色快速加固材料的抗压强度

8.6.3　XRD 分析

取氟化钠掺量为 0%、0.2%、1.0%、2.0% 的 4 h 和 7 d 龄期的试样进行 XRD 测试，如图 8.3 和图 8.4 所示。

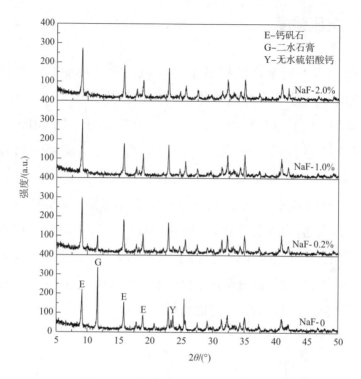

图 8.3　各试样 4 h 龄期 XRD 图谱

图 8.3 为四组掺量分别在 4 h 龄期的 X 射线图谱，对于空白试样，在此时检测到钙矾石峰和二水石膏峰，但二水石膏峰更强，说明此时还存在大量未水化的二水石膏；对于氟化钠掺量为 0.2% 的试样，此时仍有二水石膏的峰，但比空白试样的峰强低，而钙矾石的峰强比空白试样要高，说明钙矾石的生成速率略有加快；对于氟化钠掺量为 1.0% 的试样，此时只检测到钙矾石的峰，二水石膏的峰消失不见，说明此时二水石膏已经完全溶解，生成了大量的钙矾石；对于氟化钠掺量为 2.0% 的试样，此时又检测到较低的二水石膏峰，比空白试样要低得多，说明此时仍存在少量的未溶解的二水石膏。综上，随着氟化钠的掺入，超细硫铝酸盐水泥基绿色快速加固材料中钙矾石的早期生成速率加快。

图 8.4 为四组掺量分别在 7 d 龄期的 X 射线图谱。经过 7 d 的水化反应后，四组试样都没有检测到二水石膏的特征峰，并且四组试样的钙矾石生成量相当。说明氟化钠对超细硫铝酸盐水泥基绿色快速加固材料中钙矾石后期的生成量影响不大。

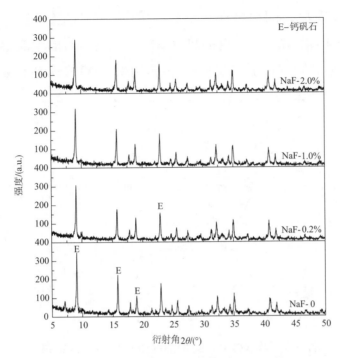

图 8.4　各试样 7 d 龄期 XRD 图谱

8.6.4　DSC-TG 分析

图 8.5 为氟化钠掺量为 0%、0.2%、1.0%、2.0% 四组试样经过 4 h 水化反应后的 DSC-TG 图。钙矾石的热分解峰位于 120℃附近；二水石膏的热分解峰在 150℃附近。对于空白试样，发现了钙矾石的热分解峰，同时发现了较多的二水石膏的热分解峰，可能此时二水石膏并未完全溶解；对于氟化钠掺量为 0.2% 的试样，经过 4 h 的水化反应后，比空白试样生成的钙矾石更多，但仍发现了二水石膏的热分解峰；对于氟化钠掺量为 1% 的试样，经过 4 h 的水化反应后，比氟化钠掺量为 0.2% 的试样和空白试样生成的钙矾石更多，且未发现二水石膏的热分解峰；对于氟化钠掺量为 2% 的试样，同样发现钙矾石的热分解峰，但比掺量为 1% 的试样生成的钙矾石的量少，同时也发现了少量的二水石膏的热分解峰。图 8.6 为超细硫铝酸盐水泥基绿色快速加固材料经过 7 d 后四组试样的 DSC-TG 同步热分析测试结果。可以从图中看出，经过

7 d 的水化反应后，四组试样的主要水化产物依旧是钙矾石。但与 4 h 不同的是，均未发现二水石膏的热分解峰，且钙矾石的生成量依旧是以氟化钠掺量为 1% 试样的为最多。热分析结果与 XRD 分析结果相一致。

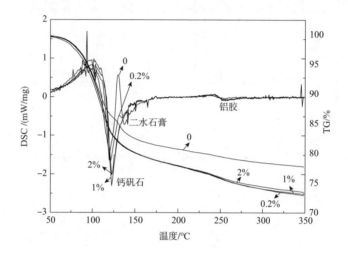

图 8.5　各试样 4 h 龄期的同步热分析测试结果

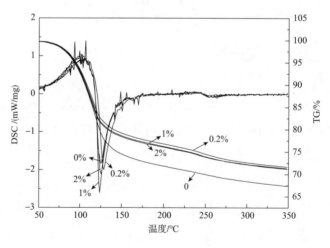

图 8.6　7 d 热分析曲线

8.6.5　SEM 分析

图 8.7 为氟化钠掺量为 0%、0.2%、1.0%、2.0% 的 4 h 的 SEM 形貌图。对于空白试样，可以观察到超细硫铝酸盐水泥基绿色快速加固材料中生

成了大量的针状的钙矾石，但大都是依附于水泥熟料表面，呈团簇状分布，这种分布方式不利于其力学性能；对于氟化钠掺量为 0.2% 的试样，同样有大量钙矾石生成，而且其分布方式与空白试样类似，不利于其力学性能的发挥；对于氟化钠掺量为 1.0% 的试样，生成的钙矾石从团簇状分布变为高度的搭接交错分布，这种分布方式有利于强度的"骨架效应"，可以大大提高其力学性能；对于可溶 F 掺量为 2.0% 的试样，钙矾石的分布方式又呈现为团簇状，但有交错分布的趋势，因此其强度比空白试样高。

（a）掺量 0%　　　　　　　（b）掺量 0.2%

（c）掺量 1.0%　　　　　　　（d）掺量 2.0%

图 8.7　各试样 4 h 龄期时的微观形貌

图 8.8 为氟化钠掺量为 0、0.2%、1.0%、2.0% 的 7 d 的 SEM 形貌图。对于空白试样，可以观察到超细硫铝酸盐水泥基绿色快速加固材料中钙矾石的分布情况与 4 h 类似，呈团簇状分布，造成其强度较低；对于氟化钠掺量为 0.2% 的试样，钙矾石的分布情况与空白试样类似，但已经有了交错的趋势，所以其强度比空白试样高；对于氟化钠掺量为 1.0% 的试样，生成的钙矾石呈高度的搭接交错分布，大大提高了超细硫铝

酸盐水泥基绿色快速加固材料的强度；对于氟化钠掺量为2.0%的试样，钙矾石的分布方式又呈现团簇状，导致其强度降低。

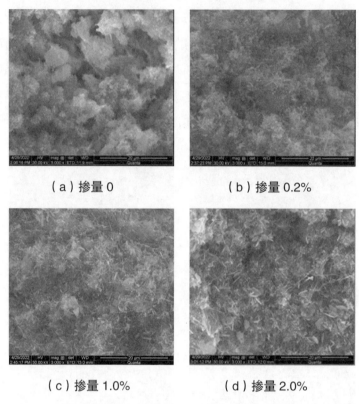

（a）掺量0　　　　　　　　　（b）掺量0.2%

（c）掺量1.0%　　　　　　　（d）掺量2.0%

图8.8　各试样7 d 龄期时的微观形貌

8.6.6　机理分析

钙矾石的形成主要遵循液相"溶解–沉淀"理论。在超细硫铝酸盐水泥基绿色快速加固材料体系中，钙矾石晶体的形成过程为：首先由硫铝酸盐水泥熟料粒子溶解释放的铝酸根离子 AlO_2^- 结合两个 OH^- 和 2 个 H_2O 分子形成 $[Al(OH)_6]^{3-}$ 铝氧八面体，然后 $[Al(OH)_6]^{3-}$ 铝氧八面体再和 Ca^{2+} 和 H_2O 结合形成 $\{Ca_6[Al(OH)_6]24H_2O\}^{6+}$ 多面柱体，最后 3 个 SO_4^{2-} 和 2 个 H_2O 分子进入 $\{Ca_6[Al(OH)_6]24H_2O\}^{6+}$ 多面柱体的沟槽内，形成完整的钙矾石晶体结构。

对于不掺氟化钠的空白试样中钙矾石的形成机理，可参照第 7 章

图 7.7 所示的机理示意图，在此不再重复阐述。

对于掺氟化钠试样中钙矾石的形成机理如图 8.9 所示。即可溶 F 能够与辅助浆液中二水石膏溶解释放的 Ca^{2+} 离子反应生成难溶的氟化钙，附着于二水石膏粒子表面形成一层阻碍层，从而降低二水石膏粒子溶解释放 SO_4^{2-} 离子的速率。此时，在熟料离子附近液相区域形成的 $\{Ca_6[Al(OH)_6]24H_2O\}^{6+}$ 便能够有充足的时间扩散至距离熟料粒子较远的液相区域与 SO_4^{2-} 离子结合形成钙矾石，最终大部分钙矾石晶体将在距离熟料粒子较远的液相区域沉淀析出。由于缺乏熟料粒子的依附结晶作用，在距离熟料粒子较远的液相中形成的钙矾石晶体将表现出高度的互相交错搭接式析出和生长。

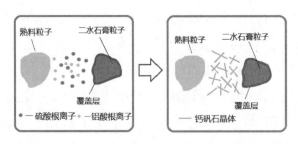

图 8.9　掺氟化钠试样中钙矾石的形成机理示意图

为了进一步充分说明此机理的准确性，对于未掺加和掺加 NaF 的辅助浆液中二水石膏粒子的微观形貌进行了测试，如图 8.10 所示。可以看出，掺加氟化钠后，辅助浆液液相中形成的难溶性氟化钙会显著附着于二水石膏粒子表面并形成了阻碍层。这进一步验证了机理分析的准确性。

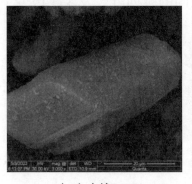
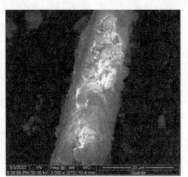

（a）未掺 NaF　　　　　　（b）掺加 NaF

图 8.10　掺加 NaF 前后辅助浆液中二水石膏粒子的微观形貌

8.7 本章小结

本章主要研究了可溶氟（氟化钠）对超细硫铝酸盐水泥基绿色快速加固材料早期水化硬化性能的影响，以期将来为磷石膏在超细硫铝酸盐水泥基绿色快速加固材料中的应用提供指导，得出的重要结论如下：

（1）掺加氟化钠后，超细硫铝酸盐水泥基绿色快速加固材料的凝结时间会略微减少，但总体上氟化钠对超细硫铝酸盐水泥基绿色快速加固材料的凝结时间没有明显影响。

（2）适量掺加氟化钠会提高超细硫铝酸盐水泥基绿色快速加固材料的抗压强度。氟化钠的掺量为 1.0% 时，超细硫铝酸盐水泥基绿色快速加固材料各龄期的抗压强度均为最高，对比空白试样有显著的增强，但继续掺入氟化钠后其强度会有所下降。因此适量氟化钠会提升超细硫铝酸盐水泥基绿色快速加固材料的强度。

（3）氟化钠的含量会对超细硫铝酸盐水泥基绿色快速加固材料水化产物钙矾石的早期生成速率有影响。对于掺加氟化钠的试样，4 h 的钙矾石生成量对比空白试样都有明显提升，其中氟化钠掺量为 1% 时最多。但 7 d 后的钙矾石生成量各组试样相差不大。说明可溶 F 对超细硫铝酸盐水泥基绿色快速加固材料后期的钙矾石生成量没有影响。

（4）通过对氟化钠提升超细硫铝酸盐水泥基绿色快速加固材料强度的机理分析，可以看出掺加适量的氟化钠后，超细硫铝酸盐水泥基绿色快速加固材料水化产物钙矾石之间的排列方式发生了改变，由团簇生长转变为相互搭接交错，这是超细硫铝酸盐水泥基绿色快速加固材料强度提升的主要原因。

第 9 章　氯盐对超细硫铝酸盐水泥基绿色快速加固材料水化硬化的影响

9.1　引言

　　井盐石膏是盐岩制盐工业产生的一种工业废石膏。井盐石膏的化学成分主要以无水硫酸钙为主，活性较低、颗粒较小，一般在 4 ~ 6 μm，这使得井盐石膏的凝结极慢且硬化体强度极低[164-166]。此外，井盐石膏中含有的盐分对其后续利用会产生显著不利影响。因此，井盐石膏的资源化利用始终是制盐工业面临的一大难题。据统计，每生产 100 万 t 真空盐就会产生 2 万 t 井盐石膏，由于井盐石膏难以资源化利用，导致其主要以堆存为主，不仅占用大量土地资源，而且产生了严重的环境污染。因此，加快推进井盐石膏的资源化利用迫在眉睫。

　　根据第 4 章的研究结果，当采用硬石膏配制的超细硫铝酸盐水泥基绿色快速加固材料时，由于钙矾石水化产物良好的搭接交错分布状况，能够很好地赋予超细硫铝酸盐水泥基绿色快速加固材料较高的力学性能，因此，井盐石膏的化学成分和颗粒特征决定了其可以很好地替代天然硬石膏用于制备超细硫铝酸盐水泥基绿色快速加固材料。尽管如此，不同于天然硬石膏，井盐石膏中含有大量的氯化钠等盐分，其对超细硫铝酸盐水泥基绿色快速加固材料水化硬化性能的影响规律尚不清楚。因此，为了推动井盐石膏在超细硫铝酸盐水泥基绿色快速加固材料中的高效利用，首先应探明超细硫铝酸盐水泥基绿色快速加固材料水化硬化过程中氯盐的影响作用机理。基于此，本章重点研究氯化钠对超细硫铝酸盐水泥基绿色快速加固材料凝结时间、力学性能的影响，同时分析在氯化钠影响作用下，超细硫铝酸盐水泥基绿色快速加固材料水化硬化过程中水化产物钙矾石的形成演变规律、数量及分布状况等微观结构特征。

9.2 实验原材料

实验用的超细硫铝酸盐水泥熟料和超细生石灰与 2.2 节描述的相同。实验用井盐石膏由中国平煤神马集团联合盐化有限公司提供，其化学组成见表 9.1。可以看出其含有较多的氯盐成分。通过对井盐石膏进行反复水洗以去除所含氯盐，烘干后待用。实验用氯化钠为分析纯试剂，氯化钠含量为 99.5%。

表 9.1　盐石膏化学成分　　　　　　　　　单位：wt%

SiO_2	Al_2O_3	Fe_2O_3	CaO	MgO	SO_3	R_2O	Cl^-
15.36	2.97	0.90	28.07	0.78	34.72	0.52	3.80

9.3 实验用仪器设备

本实验所用的仪器与设备见表 9.2。

表 9.2　实验用仪器与设备

编号	仪器与设备名称	型号	生产厂家
1	微机控制电子抗折试验机	YDW–10	杭州鑫高科技有限公司
2	电热真空干燥箱	DZF	力辰科技有限公司
3	混凝土标准养护箱	SHBY–90B	华南实验仪器有限公司
4	精密电子天平	JA2003	上海舜宇恒平科学仪器厂
5	电热恒温干燥箱	202A–1	南京沃环科技实业有限公司
6	X 荧光光谱仪	WISDOM–6000	日本理学

续表

编号	仪器与设备名称	型号	生产厂家
7	同步热分析仪	TG–DSC	德国 Netzsch
8	扫描电子显微镜	QUANTA 450	荷兰 FEI

9.4　超细硫铝酸盐水泥基绿色快速加固材料浆体的制备

按照前期研究确定的最佳配比，考虑井盐石膏中硫酸钙的有效含量，配制超细硫铝酸盐水泥基绿色快速加固材料。同时，按照 1∶1 的水灰比拌制超细硫铝酸盐水泥基绿色快速加固材料浆体。为考察氯盐的影响，在制备浆体前，预先将氯化钠溶解于拌合水，然后再与超细硫铝酸盐水泥基绿色快速加固材料混合搅拌得到浆体。氯化钠的掺量按照井盐石膏的用量计算，分别设置为 0%、2%、4%、6%、8%、10%。

9.5　测试方法

9.5.1　凝结时间测试

用标准维卡仪参照《水泥标准稠度用水量、凝结时间、安定性检验方法》（GB/T 1346—2011）测试超细硫铝酸盐水泥基绿色快速加固材料浆体的初凝与终凝时间。

9.5.2　力学性能测试

将超细硫铝酸盐水泥基绿色快速加固材料浆体成型为 40 mm × 40 mm × 40 mm 的试样，在标准状况下养护至规定龄期，按照《水泥胶砂强度检验方法（ISO 法）》（GB/T 17671—1999）对各试样的抗压强度进行测试。

9.5.3 XRD、DSC-TG 和 SEM 测试

抗压强度测试完毕,取破型后的各试样并用无水乙醇终止水化 24 h,此后，在 35℃ 和 0.08 MPa 真空度条件下烘至绝干。取部分干燥试样并研磨至 0.063 mm 以下。采用 Bruker D8 Advance 型 X 射线衍射仪对各试样进行矿物定性分析，扫描范围为 5°～50°、步长为 0.02°。采用型号为 STA449F3 型同步热分析仪对各试样进行 DSC-TG 热分析测试，测试条件为：升温速率为 10℃ /min、氮气气氛。对未粉磨的固态干燥试样进行喷金处理后，采用型号为 Quanta 450 的扫描电镜观测试样的微观形貌特征。

9.6 结果与讨论

9.6.1 凝结时间

表 9.3 所示为氯化钠掺量对超细硫铝酸盐水泥基绿色快速加固材料凝结时间的影响。可以看出，对于不掺氯化钠的空白试样，其初凝和终凝时间分别为 14 min 和 16 min。氯化钠的掺入能够有效缩短超细硫铝酸盐水泥基绿色快速加固材料的凝结时间。当掺入 2% 的氯化钠后，超细硫铝酸盐水泥基绿色快速加固材料的初凝和终凝时间分别为 8 min 和 12 min，相对于空白试样分别缩短 6 min 和 4 min。此后，继续增加氯化钠的掺量，超细硫铝酸盐水泥基绿色快速加固材料的初凝和终凝时间不再发生显著的变化。关于氯化钠为何能够促进加快超细硫铝酸盐水泥基绿色快速加固材料的凝结硬化，其原因主要在于氯化钠能够促进盐石膏中无水硫酸钙的溶解，进而有利于加快超细硫铝酸盐水泥基绿色快速加固材料体系中水化产物钙矾石的生成，从而使得超细硫铝酸盐水泥基绿色快速加固材料的凝结时间随着氯化钠的掺入而显著缩短。

表 9.3　凝结时间测试结果　　　　　　　　单位：min

试样编号	初凝时间	终凝时间
空白试样	14	16
NaCl–2	8	12
NaCl–4	7	11
NaCl–6	7	10
NaCl–8	7	10
NaCl–10	6	9

9.6.2　力学性能

图 9.1 所示为氯化钠对超细硫铝酸盐水泥基绿色快速加固材料抗压强度的影响。对于空白试样，随着水化龄期的延长，抗压强度逐渐增大。4 h 龄期时，其抗压强度为 5.3 MPa，水化至 1 d 龄期后，其抗压强度显著增加至 9.2 MPa。在 1 ～ 3 d 龄期，其抗压强度维持稳定，不显著增大。继续养护至 7 d 龄期，其抗压强度又显著增大至 14.7 MPa。与空白试样类似，对于掺加氯化钠的各试样，抗压强度均随着水化龄期的延长而增加。只不过相同龄期下，随着氯化钠掺量的增大，超细硫铝酸盐水泥基绿色快速加固材料的抗压强度逐渐出现显著降低。例如，当掺入 2% 的氯化钠后，超细硫铝酸盐水泥基绿色快速加固材料 4 h 龄期的强度由原先的 5.3 MPa 显著降低至 2.1 MPa，降幅高达 60%。掺入 10% 的氯化钠后，超细硫铝酸盐水泥基绿色快速加固材料 4 h 龄期的抗压强度降幅进一步达到了 90%。可见，氯化钠对于超细硫铝酸盐水泥基绿色快速加固材料的早期力学性能有着显著的负面影响。因此，在利用盐石膏配制超细硫铝酸盐水泥基绿色快速加固材料时，要注意对盐石膏中所含的盐分加以去除。

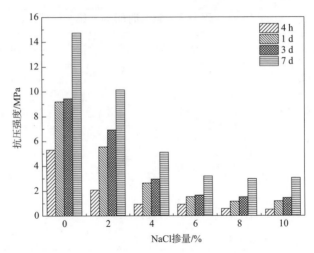

图 9.1　氯化钠对超细硫铝酸盐水泥基绿色快速加固材料抗压强度的影响

9.6.3　XRD 分析

图 9.2 所示为不同氯化钠掺量各试样 4 h 龄期的 XRD 图谱。从图中明显可以看到水化产物钙矾石的特征峰。此外，还能够检测到无水硫铝酸钙和无水硫酸钙（来自于盐石膏）的特征峰。F 盐的峰未被检测到，表明水化 4 h，氯化钠中的 Cl⁻ 并没有进入钙矾石的晶格中。一般地，晶体的衍射峰强能够在一定程度表示其量的大小。为此选择钙矾石（100）晶体特征峰强的数据进行作图，以分析氯化钠掺量对超细硫铝酸盐水泥基绿色快速加固材料早期水化产物钙矾石生成量的影响，如图 9.3 所示。可以看出，随着氯化钠掺量的增大，超细硫铝酸盐水泥基绿色快速加固材料中 4 h 龄期钙矾石的生成量表现为先增大后降低的趋势。当氯化钠掺量达到 4% 时，超细硫铝酸盐水泥基绿色快速加固材料中早期钙矾石的生成量达到最大。此后，随着氯化钠掺量的进一步增加，超细硫铝酸盐水泥基绿色快速加固材料中钙矾石的生成量逐渐降低。但当氯化钠掺量为 10% 时，超细硫铝酸盐水泥基绿色快速加固材料中钙矾石的生成量仍然要高于不掺氯化钠时的情况。之所以氯化钠能够提高超细硫铝酸盐水泥基绿色快速加固材料早期钙矾石的生成量，其主要原因在于氯化钠的存在能够在一定程度上加速盐石膏中

无水硫酸钙的溶解速度，进而加快了钙矾石的生成。至于当氯化钠达到较高掺量时又造成了超细硫铝酸盐水泥基绿色快速加固材料中钙矾石生成量的降低，主要原因可能在于早期生成的钙矾石会覆盖于硫铝酸盐水泥熟料粒子的表面，进而延缓了铝基离子的溶出，造成氯化钠掺量较高时，早期钙矾石的生成量出现了下降。

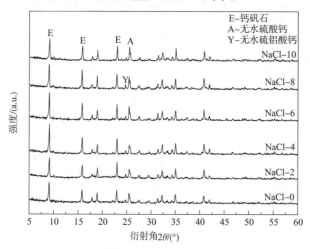

图 9.2　各试样 4h 龄期的 XRD 图谱

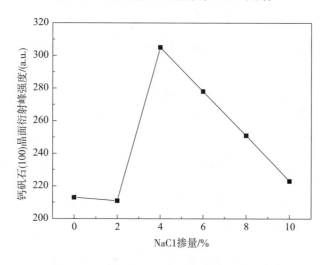

图 9.3　钙矾石（100）晶面衍射峰强度

通常认为，在硫铝酸盐水泥基材料体系中，钙矾石是其强度的主要来源。一般认为，钙矾石的生成量越大，硫铝酸盐水泥基材料的强度也越高。但根据强度试验的结果发现，并不遵循此规律。由此可以推断出，超细硫铝酸盐水泥基绿色快速加固材料中早期钙矾石的生成量并不是影响其强度的唯一因素。

9.6.4 DSC-TG 分析

图 9.4 为水化 4 h 龄期空白试样和掺 10% 氯化钠试样的 DSC-TG 测试结果，从图中可以看到，两种试样中主要水化产物为钙矾石，其吸热峰位于 50 ～ 120℃。此外，两种试样中还检测到了铝胶的吸热峰，位于 250℃附近。从两个试样的失重曲线可以看出，掺 10% 氯化钠试样中钙矾石的生成量略高于空白试样，这与 XRD 的测试结果一致。

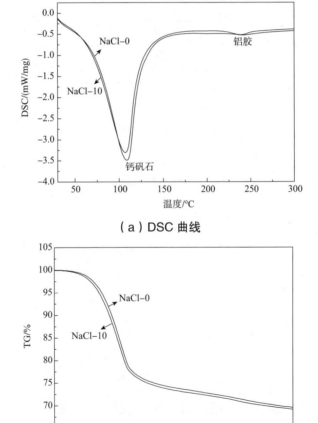

（a）DSC 曲线

（b）TG 曲线

图 9.4　各试样 4 h 龄期综合热分析测试结果

9.6.5 SEM 分析

图 9.5 所示为不同氯化钠掺量试样的 4 h 龄期 SEM 图像。由图 9.5（a）可见，经 4 h 水化后，超细硫铝酸盐水泥基绿色快速加固材料中即有大量的细针状的水化产物钙矾石形成。钙矾石之间的搭接交错程度较高。由图 9.5（b）、（c）、（d）可见，掺 2%、6% 和 10% 三组试样，经 4 h 水化后，也生成了大量细针状的钙矾石，同时还存在少量长柱状的钙矾石晶体。但掺加氯化钠的试样，其钙矾石的搭接交错程度明显要小于空白试样。并且，随着氯化钠掺量的逐渐增大，钙矾石的搭接交错程度逐渐显著降低，这可能是造成随着氯化钠掺量的增大，超细硫铝酸盐水泥基绿色快速加固材料 4 h 抗压强度显著降低的原因之一。氯化钠的掺入能够降低超细硫铝酸盐水泥基绿色快速加固材料中钙矾石的搭接程度的原因，主要是由于氯化钠能够促进加快盐石膏中无水硫酸钙的溶解。由于超细硫铝酸盐水泥基绿色快速加固材料中钙矾石的形成主要遵循液相"溶解－沉淀"理论，因此随着氯化钠促进石膏的快速溶解，使得液相中的硫酸根离子浓度增大，并快速向熟料粒子周围扩散，并与熟料粒子溶解释放的铝基离子快速结合形成钙矾石，此时所形成的钙矾石多数依附熟料粒子周围生长，造成掺氯化钠时，超细硫铝酸盐水泥基绿色快速加固材料中钙矾石的搭接交错程度显著降低。

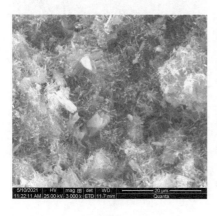 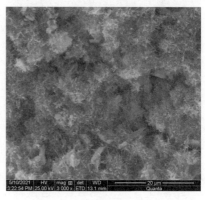

（a）NaCl–0　　　　　　　　　　（b）NaCl–2

图 9.5　各试样 4 h 龄期 SEM 图像

（c）NaCl–6   （d）NaCl–10

图 9.5　各试样 4 h 龄期 SEM 图像（续）

　　图 9.6 所示为空白试样和掺 10% 氯化钠试样在 7 d 龄期时的微观形貌照片。可以看出水化 7 d 龄期后，空白试样中有白色絮状的 C–S–H 凝结生成。C–S–H 凝结主要来自于硫铝酸盐水泥熟料中的硅酸二钙水化。整体来看，7 d 龄期时，空白试样的微观结构更加密实。对于掺 10% 氯化钠试样，经过 7 d 龄期后，其水化产物钙矾石的生成量进一步增多，但与 4 h 龄期类似，大部分的钙矾石多依附水泥熟料粒子生长，钙矾石晶体之间的搭接程度明显较低，反映出其较差的力学性能。

（a）NaCl – 0   （b）NaCl – 10

图 9.6　各试样 7 d 龄期 SEM 图像

9.7　本章小结

本章重点研究了氯盐在超细硫铝酸盐水泥基绿色快速加固材料早期水化硬化过程中的影响作用机理，以期为井盐石膏在超细硫铝酸盐水泥基绿色快速加固材料中的高效应用提供指导。得到的主要结论如下：

（1）氯化钠的掺入能使超细硫铝酸盐水泥基绿色快速加固材料的凝结时间缩短。并且在一定掺量下随着氯化钠掺量的增大，超细硫铝酸盐水泥基绿色快速加固材料的初凝和终凝时间逐渐变短。当氯化钠掺量为 4% 时，超细硫铝酸盐水泥基绿色快速加固材料的初凝和终凝时间分别为 7 min 和 11 min，相比于空白试样分别缩短了 7 min 和 5 min。此后，继续增加氯化钠的掺量，超细硫铝酸盐水泥基绿色快速加固材料的凝结时间不再发生变化。

（2）氯化钠的掺入能够导致超细硫铝酸盐水泥基绿色快速加固材料的早期强度降低，并且掺量越大，强度降低越明显。例如，掺入 2% 氯化钠的试样 4 h 强度仅为 2.1 MPa，相比于空白试样下降 60%。

（3）XRD 和热分析的结果表明，掺氯化钠试样早期水化产物钙矾石的生成量明显要高于空白试样，这是氯化钠能够缩短超细硫铝酸盐水泥基绿色快速加固材料凝结时间的主要原因。

（4）SEM 分析结果表明，尽管氯化钠能够促进超细硫铝酸盐水泥基绿色快速加固材料中早期钙矾石的快速生成，但大部分钙矾石晶体多依附硫铝酸盐水泥熟料粒子生成，钙矾石晶体之间的搭接交错程度明显降低，致使超细硫铝酸盐水泥基绿色快速加固材料的早期强度随着氯化钠的掺入而出现显著的降低。

第 10 章　超细硫铝酸盐水泥基绿色快速加固材料在煤岩体加固应用过程中的界面特征

10.1　引言

超细硫铝酸盐水泥基绿色快速加固材料由于颗粒粒径小、浆体可注性好、凝结硬化快、强度发展快、结石率高以及微膨胀等特征，十分适合在各类地下工程建设中应用，如煤矿领域的破碎煤岩体加固、隧道加固等。然而，超细硫铝酸盐水泥基绿色快速加固材料作为一种绿色的快速加固材料，为充分保障加固效果，除了其自身性能要满足工程需求外，还应充分考虑其硬化后与被加固基体间的界面结合状况。界面是两种或多种物相之间的分界面，是自然界中普遍存在的现象。在水泥基复合材料研究领域，早在 1905 年，就有学者意识到水泥基复合材料的界面问题[167]。然而，真正引起关注却是在 20 世纪 40 年代末至 50 年代。当时，法国在第二次世界大战后建立的大坝、地下结构以及电站等大部分基础设施出现了严重的开裂。Farran J et al.[168] 从岩相学、矿物学以及晶体学等多方面调研后发现，问题的关键在于水泥浆体与集料的区域，也就是所谓的界面过渡区，该区域水化产物的组成及形貌与基体部位不同，其结构相对疏松，且强度低，在外界因素作用下，该区域易出现裂纹。

随着类似工程问题不断出现，涉及水泥基复合材料界面的问题也逐渐引起人们的广泛关注和研究。例如，Elsharief A. et al.[169] 研究了骨料尺寸、水灰比和龄期对界面过渡区微观结构的影响。结果发现：水灰比大小对界面层的微观结构和厚度起着非常重要的作用，降低骨料尺寸就能减小界面区的孔隙率。胡曙光等[170] 研究了轻集料与水泥石的界面结构。通过研究发现，高强页岩陶粒表层相对内部较为致密，轻集料与水泥石的界面呈嵌锁状，界面区宽度约为 20 ~ 30 μm，硅钙比、显微硬度均高于水泥石基体。粉煤灰等矿物外加剂能够起到优化轻集料与水泥石界面组成及结构的作用，在轻集料内水分的自养护和离子迁移作用下，矿物外加剂与氢氧化钙反应生成的水化硅酸钙凝胶颗粒可以填充和弥补轻集料的原始缺陷，进而提高轻集料的颗粒强度，并最终使轻集料混凝土的性能得到改善。董华 等[171] 研究了砂岩、大理岩－浆体界面区结构特征。郑克仁 等[172] 研究了矿渣对界面过渡区微力学性质的影响。随矿渣取代水泥量的增加，基体与界面过渡区之间压痕硬度、弹性模量的差值降低，从而使界面过渡区得到强化。J. M. Gao et al.[173] 进行矿渣对界面过渡区改善的研究，发现掺入矿渣后，界面区中氢氧化钙变少、结晶尺寸变小，较弱的界面过渡区得到改善。Joao Adriano Rossignolo et al.[174] 研究了硅灰和丁苯胶乳对玄武岩与水泥粘结界面过渡区的影响。发现硅灰能减少界面区厚度的 36%，而丁苯胶乳能减少界面区厚度的 27%，当二者复掺时能减少界面区厚度的 54%。陈惠苏 等[175] 研究了界面微观结构的形成、劣化机理及影响因素。并在此基础上，研究了水泥基复合材料界面过渡区体积分数的定量计算。讨论了界面厚度变化、集料体积分数变化以及集料粒径分布变化对界面过渡区体积分数影响的差别，并给出了衡量界面过渡区重叠程度的定性和定量方法。李屹立 等[176] 研究了硅烷偶联剂对花岗岩与水泥浆界面层粘结的影响。研究结果发现，硅烷偶联剂能显著改善花岗岩与水泥浆界面层的微、细观结构，花岗岩与水泥浆界面存在由硅烷偶联剂改性而实现的化学键结合，界面层的结合强度和界面层的密度均获得提高。苏达根 等[177] 研究了硅烷偶联剂对沥青与石料及水泥胶砂界面的作用，硅烷偶联剂分子中存在着亲有机和亲无机两种功能团，在无机材料表面形成了一层偶联层，此偶联层有效增强了它们和乳化沥青、普通沥青之间的黏结。从而架起了无机材料与有机材料之间的桥梁，把两种不同化学结构类型及亲和力相差很大的材料在界面连接起来。

界面区研究的主要技术手段大致可以分为两类：一类是界面过渡区微观结构研究技术，如 X 射线衍射层析技术、扫描电镜、能谱分析、背散射电子法、荧光分析等。例如，文献 [178-179] 采用 XRD 层析分析技术研究了快硬硫铝酸盐水泥与砂石集料以及石灰石界面区水化产物的分布情况，结果表明，矾土界面区内发生钙矾石和二水石膏晶体的富集，界面区内钙矾石以胶体形式存在，界面区厚度为 70 μm。石灰石界面区同样发生钙矾石晶体和二水石膏晶体的富集，界面区厚度为 50 μm。文献 [180-182] 采用 SEM-EDS 技术分析了氢氧化钙等水化晶体在界面过渡区的富集情况。文献 [183-184] 采用背散射电子法定量分析了沿界面过渡区孔隙的分布情况；另一类是界面区性能研究技术，如界面黏结强度法、显微硬度法、压汞法等。例如，文献 [185-189] 采用压汞法和显微硬度法对界面过渡区的力学性能和孔隙分布情况进行了有效表征，并根据沿界面过渡区的力学特征和孔隙分布情况计算了界面过渡区的大小。

超细硫铝酸盐水泥基绿色快速加固材料作为无机材料的一种，其用于混凝土或破碎岩体等的加固时，由于两者表面亲水性质相似，通常会具有较好的界面黏结力。但超细硫铝酸盐水泥基绿色快速加固材料如果用于有机类岩体加固时，如煤矿破碎煤岩体，由于煤岩是由多种结构形式的有机物（或称煤素质）与少量种类不同的无机物（或称矿物质）组成的混合物。它以结构十分复杂的大分子形式存在，这些有机质大分子由许多结构相似的单元组成；单元的核心是缩合程度不同的芳环，还有一些脂肪环和杂环（环间由氧桥或次甲基桥连接）；环上侧链有烷基、羟基、羧基或甲氧基等。因此煤岩表面表现出较强的疏水性特征，必然会导致超细硫铝酸盐水泥基绿色快速加固材料与煤岩之间存在界面难以结合的状况，从而导致二者界面区较差的黏结力。基于此，为推动实现超细硫铝酸盐水泥基绿色快速加固材料在破碎煤岩体加固领域的高效应用，探明超细硫铝酸盐水泥基绿色快速加固材料与煤岩体间所形成界面区的结构与性能，并探讨如何实现二者间良好的界面结合是首先要解决的关键问题。

10.2　实验原材料

配制实验用超细硫铝酸盐水泥基绿色快速加固材料的超细硫铝酸盐水泥熟料、超细硬石膏、超细生石灰与 2.2 节描述的相同。实验用煤岩是由河南焦作朱村煤矿提供的无烟煤。界面改性剂是由实验室自主研发的 NQ 性界面剂。拌和用水为实验室自来水。

10.3　测试方法

10.3.1　试样的制备

按照前期研究确定的最佳比例，制备得到超细硫铝酸盐水泥基绿色快速加固材料，再按照 1 ∶ 1 的水灰比拌制成浆体，为保证浆体较好的流动性，拌制过程中加入 0.2% 的聚羧酸高效减水剂。将拌制好的超细硫铝酸盐水泥基绿色快速加固材料浆体在一定条件下浇筑于切割且抛光后的煤岩表面（图 10.1），自然养护至规定龄期后，得到超细硫铝酸盐水泥基绿色快速加固材料——煤岩固结体。

图 10.1　试验用煤岩试样

10.3.2 显微硬度测试

显微硬度仪主要用于测试超细硫铝酸盐水泥基绿色快速加固材料结石体与煤岩二者形成的界面过渡区的力学性能。具体为：首先将煤岩切割成 3 mm × 10 mm × 10 mm 的试块，采用细砂纸对煤样进行表面打磨抛光处理。然后，将煤岩平放于容器中，将新拌浆液浇筑于煤岩表面，养护至规定龄期后，采用小型切割机沿煤岩中心部位进行垂直切割（切片转速控制在 200 r/min）。采用无水乙醇终止水化 24 h，再在真空干燥箱中进行真空低温干燥处理（温度为 35℃），将试样烘至绝对干燥。取其中一块烘干的切割样，采用细砂纸对切割断面进行磨削抛光处理。最后，采用型号为 MC010–HV–1000 的维氏显微硬度计测试橡胶 – 水泥石界面显微硬度值（MHV）分布，在放大倍数 400 倍下观测压痕的尺寸并计算维氏硬度值。硬度测试的打点位置以紧靠煤岩的注浆结石体位置为起点，以 10 μm 作为步长，测试二者界面区的力学性能。

10.3.3 X 衍射层析分析测试

X 衍射层析分析主要用于分析测试靠近煤岩部位的超细硫铝酸盐水泥基绿色快速加固材料结石体物相组成沿界面区的分布情况。具体为：首先将煤岩切割成 0.5 cm × 1.8 cm × 1.8 cm 的试块，并采用抛光机对煤岩试块进行抛光处理。将新拌浆液浇筑于煤岩上，养护至规定龄期后，采用利器敲击，将煤岩和注浆结石体剥离开，用无水乙醇对注浆结石体进行 24 h 浸泡终止水化，采用真空干燥箱对注浆结石体进行低温真空烘干处理，待用。采用 Bruker D8 Advance X 射线衍射仪进行试样的 XRD 层析分析测试。首先对紧靠煤岩结石体的部位进行一次扫描测试，随后采用 2000 目的细砂纸对试样进行磨削处理，处理深度以 10 μm 为步长，逐层进行扫描测试。图 10.2 为自制的磨削深度控制装置。

图 10.2　磨削深度控制装置

10.3.4　DTA-TG 同步热分析测试

收集逐层切割打磨后的粉末试样，采用北京恒久同步热分析仪进行粉磨试样的 DTA-TG 同步热分析测试。测试条件为：升温速率为 10℃/min，空气气氛。

10.3.5　微观形貌和能谱分析测试

对制备的超细硫铝酸盐水泥基绿色快速加固材料——煤岩固结体进行烘干处理，再经喷金处理后，采用 CARL Zeiss SEM-EDS（Germany）型号的扫描电镜仪器观测固结体试样的界面区微观结构特征，并对观测区域进行相应的能谱分析表征测试。

10.4　结果与讨论

10.4.1　超细硫铝酸盐水泥基绿色快速加固材料结石体－煤岩界面区的形貌

图 10.3 为自然养护下超细硫铝酸盐水泥基绿色快速加固材料注浆结石体－煤岩界面区的微观形貌测试结果。图 10.3（a）为超细硫铝酸盐水泥基绿色快速加固材料结石体－煤岩界面区垂直切开面形貌图，

其中左侧模糊区域为煤岩，右侧清晰部位为超细硫铝酸盐水泥基绿色快速加固材料结石体。由于煤岩与结石体之间存在显著的强度差异，垂直切开后，煤岩部分和结石体部分二者之间存在一定的高度差，难以实现煤岩部分和结石体部分的同时聚焦，从而导致煤岩区域图像较为模糊。由图 10.3（a）可以看出，靠近煤岩表面处超细硫铝酸盐水泥基绿色快速加固材料结石体的孔隙率显著较高、结构十分疏松，二者的界面结合状况差。图 10.3（b）为界面区紧靠煤岩表面超细硫铝酸盐水泥基绿色快速加固材料结石体部位自然断裂形貌图，可以看出，在距离煤岩表面 30 μm 范围内，超细硫铝酸盐水泥基绿色快速加固材料结石体中钙矾石的数量明显较少，但距离煤岩表面 30 μm 之外的超细硫铝酸盐水泥基绿色快速加固材料结石体部分则能够明显观察到有大量的细针状钙矾石晶体。

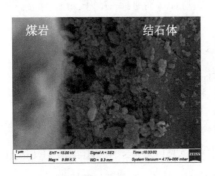 

（a）界面区垂直切开面形貌　　　（b）界面区结石体部位自然断裂面形貌

图 10.3　自然养护下超细硫铝酸盐水泥基绿色快速加固材料结石体 – 煤岩界面区形貌

考虑到超细硫铝酸盐水泥基绿色快速加固材料用于煤岩加固时要受到地应力的作用，为此，本实验还采取了向密闭金属容器中通入高压氮气的方法模拟出一定的三维应力环境，以考察三维应力作用下超细硫铝酸盐水泥基绿色快速加固材料结石体 – 煤岩的界面区结构特征。具体操作为：将新拌超细硫铝酸盐水泥基绿色快速加固材料浆液快速浇筑于制备的煤岩试样表面后，立即将试样放入图 10.4 所示的密闭金属容器内，并迅速向密闭容器内注入高压氮气，养护至龄期。图 10.5 为 1.2 MPa 三维应力作用下，超细硫铝酸盐水泥基绿色快速加固材料注浆结石体与煤岩界面区垂直切开面的微观形貌图和靠近煤岩表面结石体自然断裂面形貌图。由图 10.5（a）可以看出，1.2 MPa 三维应力作用下，紧靠煤岩表面的超细硫铝酸盐水泥基绿色快速加固材料注浆结石体的结构明显要比自然养护时更加密实。由图 10.5（b）可以看出，1.2 MPa 三维应力作用下，紧靠煤岩表面界面区的超细硫铝酸盐水泥基绿色快速加固材料注浆结石体部位存在大量的细针状钙矾石晶体。

图 10.4　三维应力环境模拟装置

（a）界面区垂直切开面形貌　　　　（b）界面区结石体部位自然断裂面形貌
图 10.5　1.2 MPa 三维应力作用下超细硫铝酸盐水泥基绿色快速加固材料
结石体 – 煤岩界面区形貌

　　图 10.6 为添加 NQ 界面润湿剂后，超细硫铝酸盐水泥基绿色快速加固材料注浆结石体与煤岩的界面区微观形貌图。由图 10.6（a）可知，添加 NQ 界面润湿剂后，紧靠煤岩表面的超细硫铝酸盐水泥基绿色快速加固材料注浆结石体的结构变得十分致密，超细硫铝酸盐水泥

基绿色快速加固材料注浆结石体与煤岩间表现出良好的结合状况。由图 10.6（b）可以看出，紧靠煤岩表面的超细硫铝酸盐水泥基绿色快速加固材料注浆结石体处有大量的钙矾石晶体，但钙矾石存在两种形貌特征，一种为细针状型钙矾石晶体，长度约为 1 μm、直径为 0.25 μm；另一种钙矾石晶体形貌尺寸明显较大，长度约为 2 μm、直径为 1 μm。

综上所述，自然养护条件下，超细硫铝酸盐水泥基绿色快速加固材料结石体 – 煤岩界面区显著表现为高孔隙率、结构十分疏松的特点，二者界面结合状况显著较差。1.2 MPa 三维应力作用下，超细硫铝酸盐水泥基绿色快速加固材料结石体 – 煤岩界面结合状况有所改善，二者界面区孔隙率有所降低、结构变得较为致密。添加 NQ 界面润湿剂后，超细硫铝酸盐水泥基绿色快速加固材料结石体 – 煤岩界面区结构变得十分密实，二者界面结合状况显著得以改善。

（a）界面区垂直切开面形貌　　　（b）界面区结石体部位自然断裂面形貌

图 10.6　添加 NQ 界面润湿剂后超细硫铝酸盐水泥基绿色快速加固材料
结石体 – 煤岩界面区形貌

10.4.2　超细硫铝酸盐水泥基绿色快速加固材料结石体 – 煤岩界面区元素分布

图 10.7 为自然养护下，超细硫铝酸盐水泥基绿色快速加固材料结石体 – 煤岩界面区的元素分布。可以看出，靠近煤岩表面 30 μm 距离范围内的结石体中，钙、铝和硫元素的含量显著较低，并且越靠近煤

岩表面，三种元素的含量越低。距离煤岩表面 30 μm 以外，三种元素的含量不再随着向超细硫铝酸盐水泥基绿色快速加固材料结石体内部方向延伸而发生显著的变化。

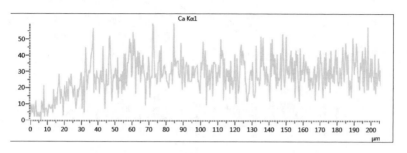

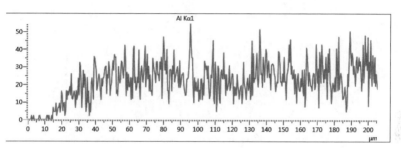

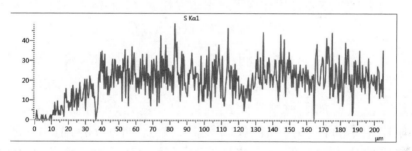

图 10.7　超细硫铝酸盐水泥基绿色快速加固材料结石体 – 煤岩界面区元素分布

图 10.8 为 1.2 MPa 三维应力作用下，超细硫铝酸盐水泥基绿色快速加固材料注浆结石体 – 煤岩界面区的元素分布。可以看出，1.2 MPa 三维应力作用后，二者界面区钙、铝和硫三种元素的含量与超细硫铝酸盐水泥基绿色快速加固材料结石体基体部位相当，即从靠近煤岩表面注浆结石体逐渐延伸至结石体基体过程中，三种元素的分布均较为均匀，没有表现出明显的差异。

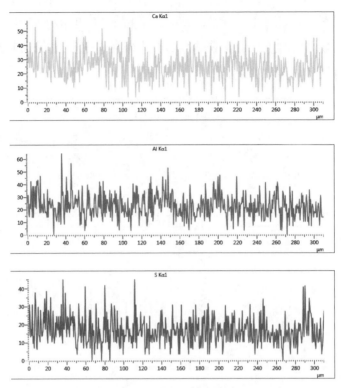

图 10.8　1.2 MPa 三维应力作用下超细硫铝酸盐水泥基绿色快速加固材料结石
体 – 煤岩界面区元素分布

　　图 10.9 为添加 NQ 界面润湿剂后，注浆结石体 – 煤岩界面区元素
分布。可以看出，在距离煤岩表面 40 ～ 50 μm 范围内，超细硫铝酸盐
水泥基绿色快速加固材料注浆结石体中，钙元素、铝元素和硫元素的
含量相比于结石体基体部位显著较高，即添加 NQ 界面润湿剂后，在
超细硫铝酸盐水泥基绿色快速加固材料注浆结石体 – 煤岩界面区发生
了钙、铝和硫元素的富集。

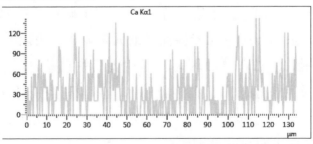

图 10.9　添加 NQ 界面润湿剂后超细硫铝酸盐水泥基绿色快速加固材料
结石体 – 煤岩界面区元素分布

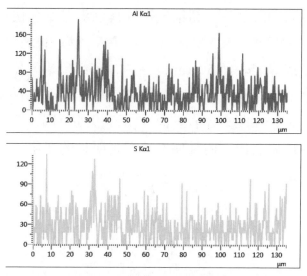

图 10.9　添加 NQ 界面润湿剂后超细硫铝酸盐水泥基绿色快速加固材料
结石体 – 煤岩界面区元素分布（续）

10.4.3　界面区 XRD 层析分析

1. 界面区钙矾石数量及分布

采用 XRD 层析分析法对超细硫铝酸盐水泥基绿色快速加固材料注浆结石体 – 煤岩界面区进行 XRD 分析，结果如图 10.10、图 10.11 和图 10.12 所示。图 10.10 为自然养护下超细硫铝酸盐水泥基绿色快速加固材料结石体 – 煤岩界面区 XRD 层析分析结果。可以看出，在距离煤岩表面 30 μm 范围内的区域，钙矾石晶体的数量明显较少，这与扫描电镜观测到的结果一致。经过低钙矾石数量区域后，随即出现了钙矾石富集区域，该区域位于距离煤岩表面 30 ~ 50 μm 范围，宽度为 20 μm。随后，钙矾石的数量不再随着距离的变化产生明显的波动。图 10.11 为 1.2 MPa 三维应力作用下试样界面区层析分析结果。可以看出，与自然养护相比，采用 1.2 MPa 三维应力作用能够使得紧靠煤岩表面低钙矾石区域的宽度由最初的 30 μm 减小至 20 μm。此外，从钙矾石衍射峰的峰强来看，1.2 MPa 三维应力作用后，低钙矾石含量区域钙矾石的数量要高于自然养护时的情况。图 10.12

为添加 NQ 界面润湿剂后，超细硫铝酸盐水泥基绿色快速加固材料结石体 – 煤岩界面区的 XRD 层析分析结果。可以看出，掺加 NQ 界面润湿剂后，距离煤岩表面 50 μm 范围内，超细硫铝酸盐水泥基绿色快速加固材料结石体中钙矾石的数量显著较多，且越靠近煤岩表面，钙矾石的数量越多。在距离煤岩表面 50 μm 以外范围，钙矾石的数量随着距离向远离煤岩表面方向延伸不再发现明显的变化。

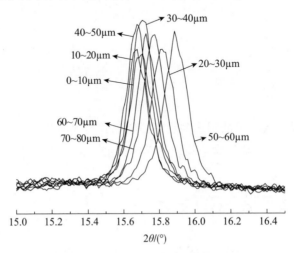

（a）界面区钙矾石（110）晶面特征峰

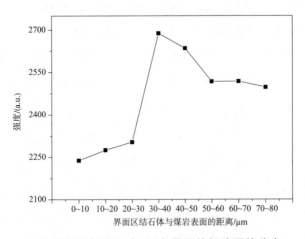

（b）界面区钙矾石（110）晶面特征峰强值分布

图 10.10　自然养护下超细硫铝酸盐水泥基绿色快速加固材料结石体 – 煤岩界面区 XRD 层析分析

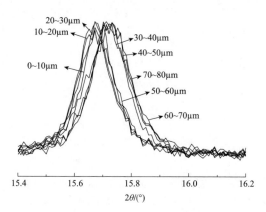

（a）界面区钙矾石（110）晶面特征峰

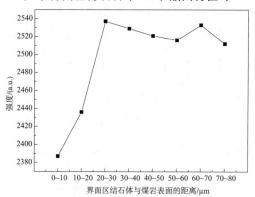

（b）界面区钙矾石（110）晶面特征峰强值分布

图 10.11　1.2 MPa 三维应力作用下超细硫铝酸盐水泥基绿色快速加固材料
结石体 – 煤岩界面区 XRD 层析分析

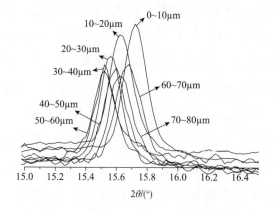

（a）界面区钙矾石（110）晶面特征峰

图 10.12　添加 NQ 界面润湿剂后超细硫铝酸盐水泥基绿色快速加固材料
结石体 – 煤岩界面区 XRD 层析分析

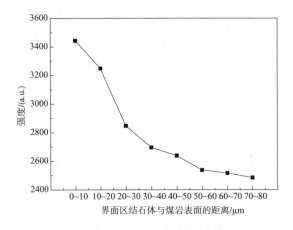

（b）界面区钙矾石（110）晶面特征峰强值分布

图 10.12　添加 NQ 界面润湿剂后超细硫铝酸盐水泥基绿色快速加固材料

结石体 - 煤岩界面区 XRD 层析分析（续）

2. 界面区钙矾石平均晶粒尺寸分布

采用德拜谢乐公式计算超细硫铝酸盐水泥基绿色快速加固材料注浆结石体 - 煤岩界面区钙矾石晶体（110）晶面法线方向的平均晶粒尺寸，结果如图 10.13、图 10.14 和图 10.15 所示。可知，在自然养护条件下，靠近煤岩表面 30μm 的区域内，钙矾石晶体的平均晶粒尺寸明显小于超细硫铝酸盐水泥基绿色快速加固材料结石体基体部位，且越靠近煤岩表面，钙矾石的平均晶粒尺寸越小。采用 1.2 MPa 三维应力作用后，在靠近煤岩表面 20μm 的区域内，钙矾石的平均晶粒尺寸较小。此外，对比图 10.13 和图 10.14，与自然养护相比，1.2 MPa 三维应力作用下，靠近煤岩表面区域钙矾石的平均晶体尺寸略高一些，更接近于超细硫铝酸盐水泥基绿色快速加固材料注浆结石体基体中钙矾石的平均晶体尺寸。图 10.15 为添加 NQ 界面润湿剂后，超细硫铝酸盐水泥基绿色快速加固材料结石体 - 煤岩界面区钙矾石的平均晶体尺寸变化。可以看出，掺入 NQ 界面润湿剂后，靠近煤岩区域中，钙矾石的平均尺寸要高于结石体基体部位中钙矾石的平均晶体尺寸，基本上，越靠近煤岩表面钙矾石晶体的平均尺寸越大。

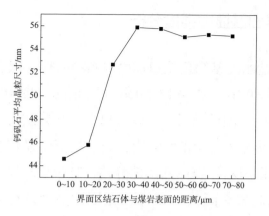

图 10.13　自然养护下超细硫铝酸盐水泥基绿色快速加固材料结石体 – 煤岩界面区钙矾石平均晶粒尺寸

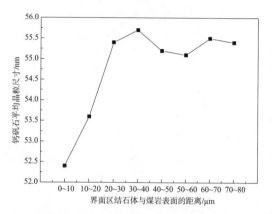

图 10.14　1.2 MPa 三维应力作用下超细硫铝酸盐水泥基绿色快速加固材料结石体 – 煤岩界面区钙矾石平均晶粒尺寸

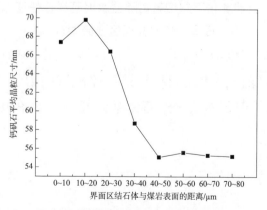

图 10.15　添加 NQ 界面润湿剂后超细硫铝酸盐水泥基绿色快速加固材料结石体 – 煤岩界面区钙矾石平均晶粒尺寸

10.4.4 界面区显微硬度分析

超细硫铝酸盐水泥基绿色快速加固材料结石体 – 煤岩界面区显微硬度测试结果如图 10.16、图 10.17 和图 10.18 所示。图 10.16 为自然养护下界面区的显微硬度测试结果。可以看出，在注浆结石体距离煤岩表面 $30\,\mu m$ 范围内的低钙矾石含量区域内，力学性能明显较超细硫铝酸盐水泥基绿色快速加固材料结石体基体部分差，且越靠近煤岩表面，力学性能越差。在距离煤岩表面 $30 \sim 50\,\mu m$ 范围的高钙矾石含量区域的力学性能，要略好于超细硫铝酸盐水泥基绿色快速加固材料结石体基体部分。

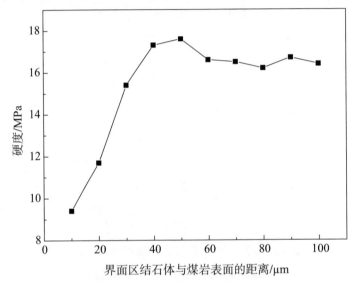

图 10.16 自然养护下超细硫铝酸盐水泥基绿色快速加固材料结石体 – 煤岩界面区显微硬度

采用 $1.2\,MPa$ 三维应力作用后，靠近煤岩表面 $20\,\mu m$ 范围内，超细硫铝酸盐水泥基绿色快速加固材料结石体区域的力学性能相比于自然养护时有所提高，但仍然低于结石体基体部分，如图 10.17 所示。

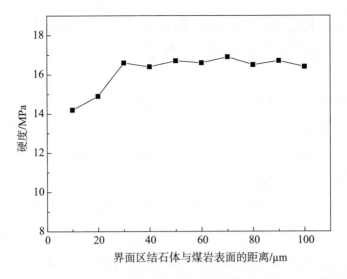

图 10.17　1.2 MPa 三维应力作用下超细硫铝酸盐水泥基绿色快速加固材料结石体 – 煤岩界面区显微硬度

掺加 NQ 界面润湿剂后，超细硫铝酸盐水泥基绿色快速加固材料结石体 – 煤岩界面区的显微硬度测试结果如图 10.18 所示。可以看出，用 NQ 界面润湿剂改性后，二者界面区的力学性能显著提高。

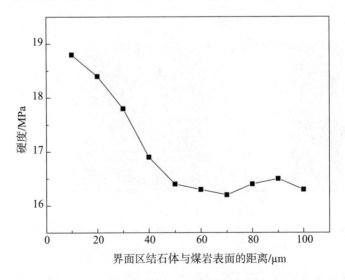

图 10.18　添加 NQ 界面润湿剂后超细硫铝酸盐水泥基绿色快速加固材料结石体 – 煤岩界面区显微硬度

10.4.5 超细硫铝酸盐水泥基绿色快速加固材料结石体－煤岩界面区结构物理模型

综合界面区微观形貌、界面区元素分布、界面区 XRD 层析分析以及界面区显微硬度的分析结果，可以建立超细硫铝酸盐水泥基绿色快速加固材料注浆结石体－煤岩界面区的结构物理模型。图 10.19 为自然养护下超细硫铝酸盐水泥基绿色快速加固材料结石体－煤岩界面区的结构物理模型示意图。距离煤岩表面 $30\,\mu m$ 范围内的注浆结石体部分属于低水化区域，该区域水化产物钙矾石的数量明显较低，且结构十分疏松，力学性能显著较差。低水化区域过后，紧接着为水化产物钙矾石富集区，钙矾石富集区位于距离煤岩表面 $30 \sim 50\,\mu m$ 范围，宽度为 $20\,\mu m$，富集区的力学性能显著较好。钙矾石富集区过后便进入超细硫铝酸盐水泥基绿色快速加固材料注浆结石体基体部分，结石体基体部分水化产物钙矾石的数量、力学性能等特征不再随着距离的变化而发生显著变化。

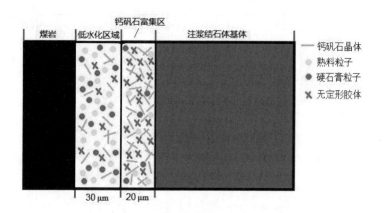

图 10.19 自然养护下超细硫铝酸盐水泥基绿色快速加固材料
结石体－煤岩界面区结构物理模型

1.2 MPa 三维应力作用下，超细硫铝酸盐水泥基绿色快速加固材料注浆结石体－煤岩的界面区明显发生改变，图 10.20 为 1.2 MPa 三维应力作用下界面区的结构物理模型示意图。相比于自然养护，1.2 MPa

三维应力作用后，紧靠煤岩表面的低水化区域的宽度由 30 μm 减薄至 20 μm。此外，相比于自然养护，1.2 MPa 三维应力作用下，界面区低水化区域中水化产物钙矾石的数量明显较多。

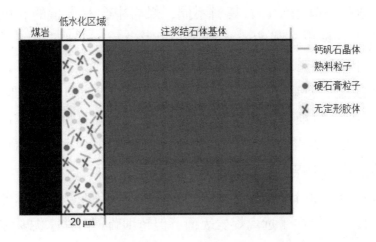

图 10.20　1.2 MPa 三维应力作用下超细硫铝酸盐水泥基绿色快速加固材料结石体 – 煤岩界面区结构物理模型

图 10.21 所示为添加 NQ 界面润湿剂后超细硫铝酸盐水泥基绿色快速加固材料注浆结石体 – 煤岩界面区结构物理模型示意图。添加 NQ 界面润湿剂后，靠近煤岩表面结石体部分出现了钙矾石的富集，该区域宽度为 50 μm，并且富集区内钙矾石晶体的平均尺寸明显大于结石体基体部位，钙矾石富集区过后便进入结石体基体部分。

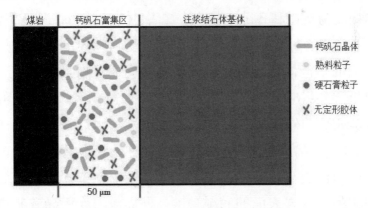

图 10.21　添加 NQ 界面润湿剂后超细硫铝酸盐水泥基绿色快速加固材料结石体 – 煤岩界面区结构物理模型示意图

10.4.6 超细硫铝酸盐水泥基绿色快速加固材料结石体 – 煤岩界面区形成机理分析

与普通的混凝土砂、石集料不同，煤岩中含有大量的有机质，因此煤岩表面表现出较强的疏水特征。图 10.22 为超细硫铝酸盐水泥基绿色快速加固材料浆体过滤液在煤岩表面的接触润湿情况。可以看出，超细硫铝酸盐水泥基绿色快速加固材料浆体过滤液与煤岩之间的接触角达到了 78°，超细硫铝酸盐水泥基绿色快速加固材料浆体难以在煤岩表面铺展开并对煤岩表面完全润湿。当超细硫铝酸盐水泥基绿色快速加固材料浆液作用于煤岩表面时，由于煤岩表面较强的疏水特征，紧靠煤岩表面浆液中的水分子由于界面张力的作用会受到浆液内部水分子较强的牵引力作用，倾向于远离煤岩表面。但超细硫铝酸盐水泥基绿色快速加固材料浆液中的各类原料粒子将会受到自身重力的作用沉积在煤岩表面。随着时间的延长，靠近煤岩表面的各类粒子逐渐溶解并释放出钙、铝、硫各类离子，但由于受到煤岩表面疏水效应的影响，这些靠近煤岩表面溶出的离子将随着靠近煤岩表面水分子而倾向于向浆液内部迁移。由于界面处各类离子的溶出 – 迁移效应，靠近煤岩表面超细硫铝酸盐水泥基绿色快速加固材料注浆结石体的离子数量相对减少，水化产物难以在煤岩表面附近过多地形成，最终导致二者界面区水化产物数量明显较少，结构较为疏松和孔隙率较高，二者的界面结合状况显著较差。

当对浆液施加外界应力作用后，由于受到外界应力的作用，浆液在煤岩表面的平衡体系被打破，浆液势必会通过增加在煤岩表面的铺展程度以抵抗外界应力的作用。对比图 10.22（a）和（b）可知，对浆液施加 0.6 MPa 的外界应力后，超细硫铝酸盐水泥基绿色快速加固材料浆体过滤液在煤岩表面的接触角由最初的 78° 显著减小到 69°，可见，外界应力作用在一定程度上增加了超细硫铝酸盐水泥基绿色快速加固材料浆体对煤岩表面的润湿程度。外界应力作用导致浆体对煤岩表现润湿程度增加，能够极大地限制靠近煤岩表面的水分子向内部迁移，因此靠近煤岩表面溶出的各类离子的迁移过程相应地也要受到限制，其结果便是靠近煤岩表面结石体部分水化产物的数量明显增多，结构也变得更加致密，注浆结石体与煤岩的结合状况有所改善。

　　添加 NQ 界面润湿剂能够有效降低超细硫铝酸盐水泥基绿色快速加固材料浆体的表面张力，增加浆液对煤岩表面的润湿程度。如图 10.22（c）所示，添加 NQ 界面润湿剂后，超细硫铝酸盐水泥基绿色快速加固材料浆液过滤液滴加在煤岩表面后便立即铺展开，对煤岩表面形成完全润湿。这也导致超细硫铝酸盐水泥基绿色快速加固材料浆液中的水分子将在煤岩表面形成富集，致使在煤岩表面和浆体之间形成一定厚度的水膜，随着浆液中各类离子的溶出，由于水膜两侧浓度差的原因，浆液内部溶出的各类离子将逐渐向靠近煤岩表面的水膜层中扩散迁移，最终造成二者界面区水化产物的富集，使得界面区的结构更加密实，注浆结石体与煤岩界面结合状况显著得到改善。此外，由于煤岩表面附近区域局部水灰比略高于浆体内部，因此，在煤岩表面形成的钙矾石晶体有足够的空间供其生长，造成超细硫铝酸盐水泥基绿色快速加固材料注浆结石体 – 煤岩界面区的钙矾石晶体尺寸要高于结石体基体部分。

 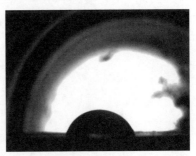

（a）自然条件下　　　　　　　　（b）0.6 MPa 气压环境下

（c）添加 NQ 界面润湿剂

图 10.22　超细硫铝酸盐水泥基绿色快速加固材料浆体过滤液在煤岩表面的铺展情况

10.5 本章小结

本章研究了超细硫铝酸盐水泥基绿色快速加固材料结石体－煤岩的界面区的结构和性能，得出的主要结论如下：

（1）自然养护下，超细硫铝酸盐水泥基绿色快速加固材料结石体－煤岩界面区由 30 μm 宽的低水化区域和 20 μm 宽的钙矾石富集区域组成。低水化区域的结构十分疏松，钙矾石晶体的数量明显较少，钙矾石晶体的平均尺寸较小，力学性能明显较差。

（2）1.2 MPa 三维应力作用下，超细硫铝酸盐水泥基绿色快速加固材料结石体－煤岩界面区低水化区域（低钙矾石含量区域）的宽度显著减薄至 20 μm，相比于自然养护，低水化区域的结构变得更为密实，钙矾石的数量明显较多，力学性能有所改善。

（3）添加 NQ 界面润湿剂后，超细硫铝酸盐水泥基绿色快速加固材料结石体－煤岩界面区在 50 μm 范围内发生了钙矾石晶体的富集。界面区结构十分密实，力学性能显著提高，超细硫铝酸盐水泥基绿色快速加固材料结石体与煤岩的界面结合状况显著得到改善。

参考文献

［1］冯涵，张学民，欧雪峰，等 . 破碎岩体快速注浆加固地聚合物注浆材料试验研究 [J]. 华南理工大学学报（自然科学版），2020，48（9）：43-50.

［2］肖振，杨志全，隆季原，等 . 注浆支护材料应用现状与发展趋势 [J]. 化工矿物与加工，2021，50（5）：38-41，48.

［3］姜瑜，郭飞，孔恒，等 . 注浆材料的现状与发展策略 [J]. 化工新型材料，2022，50（1）：282-286.

［4］Mahmoud M，Ramadan M，Pullen K，et al. A review of grout materials in geothermal energy applications [J]. International Journal of Thermofluids，2021（10）：100070.

［5］Kılıc A，Yasar E，Celik A G. Effect of grout properties on the pull-out load capacity of fully grouted rock bolt [J]. Tunnelling and Underground Space Technology，2002，17（4）：355-362.

［6］杨政鹏，孙钰坤，管学茂，等 . 新型加固煤体硅酸盐基无机 / 有机复合注浆材料的制备及性能 [J]. 材料导报，2013，27（8）：120-123.

［7］刘红彬，唐伟奇，肖凯璐，等 . 水泥基注浆材料的研究进展 [J]. 混凝土，2016（3）：71-75.

［8］Lim S K，Tan C S，Chen K P，et al. Effect of different sand grading on strength properties of cement grout [J]. Construction and Building Materials，2013，38：348-355.

［9］Axelsson M，Gustafson G，Fransson Å. Stop mechanism for cementitious grouts at different water-to-cement ratios [J]. Tunnelling and Underground Space Technology，2009，24（4）：390-397.

［10］Liu J，Li Y，Zhang G，et al. Effects of cementitious grout components on rheological properties [J]. Construction and Building Materials，2019，227：1-13.

［11］Rahman M，Wiklund J，Kotze R，et al. Yield stress of cement grouts [J].

Tunnelling and Underground Space Technology，2017，61：50–60.

［12］Feng Z Q，Kang H P. Development and application of new waterproof grouting materials of polyurethane [J]. Chinese Journal of Geotechnical Engineering，2010，32（3）：375–380.

［13］Saleh S，Yunus N Z M，Ahmad K，et al. Improving the strength of weak soil using polyurethane grouts：A review [J]. Construction and Building Materials，2019，202：738–752.

［14］Li X，Hao M，Zhong Y，et al. Experimental study on the diffusion characteristics of polyurethane grout in a fracture [J]. Construction and Building Materials，2021，273：121711.

［15］Liu K，Liang W，Ren F，et al. The study on compressive mechanical properties of rigid polyurethane grout materials with different densities [J]. Construction and Building Materials，2019，206：270–278.

［16］Bodi J，Bodi Z，Scucka J，et al. Polyurethane grouting technologies [J]. Polyurethane，2012，1：307–336.

［17］Li M，Du M，Wang F，et al. Study on the mechanical properties of polyurethane（PU）grouting material of different geometric sizes under uniaxial compression [J]. Construction and Building Materials，2020，259：119797.

［18］Wei Y，Wang F，Gao X，et al. Microstructure and fatigue performance of polyurethane grout materials under compression [J]. Journal of Materials in Civil Engineering，2017，29（9）：04017101.

［19］Wang J，Gao S，Zhang C，et al. Preparation and Performance of Water–Active Polyurethane Grouting Material in Engineering：A Review [J]. Polymers，2022，14（23）：5099.

［20］He Z L，Li Q F，Wang J W，et al. Effect of silane treatment on the mechanical properties of polyurethane/water glass grouting materials [J]. Construction and Building Materials，2016，116：110–120.

［21］Anagnostopoulos C A. Effect of different superplasticisers on the physical and mechanical properties of cement grouts [J]. Construction and Building Materials，2014，50：162–168.

［22］Axelsson M，Gustafson G，Fransson Å. Stop mechanism for cementitious grouts at different water–to–cement ratios [J]. Tunnelling and Underground Space Technology，2009，24（4）：390–397.

［23］Nguyen V H，Remond S，Gallias J L. Influence of cement grouts composition on the rheological behaviour [J]. Cement and Concrete Research，2011，41（3）：292–300.

［24］Vasumithran M，Anand K B，Sathyan D. Effects of fillers on the properties of cement grouts [J]. Construction and Building Materials，2020，246：118346.

［25］张欢,邓最亮,郑柏存,等.外加剂对水泥基注浆材料流变性能的调控作用[J].硅酸盐通报，2014，33（2）：321–327.

［26］孔祥明，卢子臣，朝阳.水泥水化机理及聚合物外加剂对水泥水化影响的研究进展[J].硅酸盐学报，2017，45（2）：274–281.

［27］袁进科，陈礼仪.普通硅酸盐水泥与硫铝酸盐水泥复配改性灌浆材料性能研究[J].混凝土，2011（1）：128–130.

［28］刘娟红，宋少民.高性能水泥基灌浆材料自收缩性能研究[J].武汉理工大学学报，2006，28（3）：36–38.

［29］Zhang J W，Guan X M，Li H Y，et al. Performance and hydration study of ultra–fine sulfoaluminate cement–based double liquid grouting material [J]. Construction and Building Materials，2017，132：262–270.

［30］Li H Y，Yang K，Guan X M. Properties of sulfoaluminate cement–based grouting materials modified with LiAl–layered double hydroxides in the presence of PCE superplasticizer [J]. Construction and Building Materials，2019，226：399–405.

［31］Zhang J W，Guan X M，Wang X，et al. Microstructure and properties of sulfoaluminate cement–based grouting materials：Effect of calcium sulfate variety [J]. Advances in Materials Science and Engineering，2020，2020：1–8.

［32］Di H，Liu S，Han K，et al. Reinforcement of broken coal rock using ultrafine sulfoaluminate cement–based grouting materials [J]. Journal of Materials in Civil Engineering，2022，34（6）：04022082.

［33］Wang Y，Liu S，Xuan D，et al. Improving the mechanical properties of sulfoaluminate cement–based grouting material by incorporating limestone powder for a double fluid system [J]. Materials，2020，13（21）：4854.

［34］张康康.超细硫铝酸盐水泥基注浆材料外加剂的研究[D].焦作：河南理工大学，2011.

［35］狄红丰.硫铝酸盐水泥基注浆材料应用性能研究[D].焦作：河南理工大学，

2020.

［36］张海波，狄红丰，刘庆波，等．微纳米无机注浆材料研发与应用［J］．煤炭学报，2020，45（3）：949-955.

［37］Sarkar S L，Wheeler J. Important properties of an ultrafine cement—Part I［J］. Cement and Concrete Research，2001，31（1）：119-123.

［38］Sarkar S L，Wheeler J. Microstructural development in an ultrafine cement—Part II［J］. Cement and Concrete Research，2001，31（1）：125-128.

［39］Arteaga-Arcos J C，Chimal-Valencia O A，Yee-Madeira H T，et al. The usage of ultra-fine cement as an admixture to increase the compressive strength of Portland cement mortars［J］. Construction and Building Materials，2013，42：152-160.

［40］Harris K L，Johnson B J. Successful remedial operations using ultrafine cement [C]//SPE Oklahoma City Oil and Gas Symposium/Production and Operations Symposium. SPE，1992：SPE-24294-MS.

［41］Reinhardt H W. Ultra-fine cements for special applications［J］. Advanced Cement Based Materials，1993，1（2）：106-107.

［42］Feng N Q，Shi Y X，Hao T Y. Influence of ultrafine powder on the fluidity and strength of cement paste［J］. Advances in Cement Research，2000，12（3）：89-95.

［43］徐占明．高水速凝材料在回采巷道注浆加固中的应用研究［J］．山西煤炭管理干部学院学报，2015，28（1）：15-16.

［44］刘丛喜．高水速凝材料充填护巷技术［J］．煤炭技术，2009，28（5）：166-168.

［45］颜志平，漆泰岳，张连信，等．ZKD 高水速凝材料及其泵送充填技术的研究［J］．煤炭学报，1997（3）：48-53.

［46］侯朝炯，周华强，张连信，等．ZKD 型高水速凝材料的生产及应用［J］．煤炭科学技术，1993（1）：16-19，63.

［47］易宏伟，柏建彪，侯朝炯．高水灰渣速凝充填材料的研制及应用［J］．煤炭工程师，1996（6）：9-12，50.

［48］陈国锋，贺永年．深立井应用 ZKD 高水速凝材料注浆堵水［J］．建井技术，1997，18（6）：15-17.

［49］陈国锋，杨米加．ZKD 高水速凝材料浆的流动性能及其堵水机理的研究［J］.

山西煤炭，1997，17（5）：29–32.

［50］王燕谋，苏慕珍，张量. 硫铝酸盐水泥 [M]. 北京：北京工业大学出版社，1999.

［51］Kasselouri V，Tsakiridis P，Malami C，et al. A study on the hydration products of a non–expansive sulfoaluminate cement [J]. Cement and Concrete Research，1995，25（8）：1726–1736.

［52］Telesca A，Marroccoli M，Pace M L，et al. A hydration study of various calcium sulfoaluminate cements [J]. Cement and Concrete Composites，2014，53：224–232.

［53］Quillin K. Performance of belite–sulfoaluminate cements [J]. Cement and Concrete Research，2001，31（9）：1341–1349.

［54］Hu C，Hou D，Li Z. Micro–mechanical properties of calcium sulfoaluminate cement and the correlation with microstructures [J]. Cement and Concrete Composites，2017，80：10–16.

［55］Kohler S，Heinz D，Urbonas L. Effect of ettringite on thaumasite formation [J]. Cement and Concrete Research，2006，36（4）：697–706.

［56］彭家惠，楼宗汉. 钙矾石形成机理的研究 [J]. 硅酸盐学报，2000，28（6）：511–515.

［57］钱觉时，余金城，孙化强，等. 钙矾石的形成与作用 [J]. 硅酸盐学报，2017，45（11）：1569–1581.

［58］黄圣妩. 钙矾石的形成与稳定、膨胀机理及应用综述 [J]. 广东建材，2012，28（7）：19–23.

［59］蒋敏强，杨鼎宜. 混凝土中钙矾石的研究进展综述 [J]. 建筑技术开发，2004，31（5）：132–135.

［60］Min D，Mingshu T. Formation and expansion of ettringite crystals [J]. Cement and Concrete Research，1994，24（1）：119–126.

［61］Brown P W，Lacroix P. The kinetics of ettringite formation [J]. Cement and Concrete Research，1989，19（6）：879–884.

［62］徐玲琳，周向艺，李楠，等. 石膏对硫铝酸盐水泥水化特性的影响 [J]. 同济大学学报（自然科学版），2017，45（6）：885–890.

［63］García–Maté M，Angeles G，León–Reina L，et al. Effect of calcium sulfate source on the hydration of calcium sulfoaluminate eco–cement [J]. Cement and Concrete Composites，2015，55：53–61.

［64］要秉文，梅世刚，宋少民. 石膏对高贝利特硫铝酸盐水泥水化的影响 [J]. 武汉理工大学学报，2009，31（7）：1–4.

［65］王雨利，路会娟，杨宇杰. 氟石膏对高水充填材料性能的影响 [J]. 煤炭科学技术，2023，51（6）：42–51.

［66］Michel M，Georgin J F，Ambroise J，et al. The influence of gypsum ratio on the mechanical performance of slag cement accelerated by calcium sulfoaluminate cement [J]. Construction and Building Materials，2011，25（3）：1298–1304.

［67］Xu L，Wu K，Li N，et al. Utilization of flue gas desulfurization gypsum for producing calcium sulfoaluminate cement [J]. Journal of Cleaner Production，2017，161：803–811.

［68］Gao D，Zhang Z，Meng Y，et al. Effect of flue gas desulfurization gypsum on the properties of calcium sulfoaluminate cement blended with ground granulated blast furnace slag [J]. Materials，2021，14（2）：382.

［69］刘娟红，马翼，王祖琦，等. 石膏种类对富水充填材料凝结硬化性能与机理的影响 [J]. 工程科学学报，2015，37（12）：1557–1563.

［70］孙恒虎，宋存义. 高水速凝材料及其应用 [M]. 徐州：中国矿业大学出版社，1994.

［71］蔡兵团. 超细硫铝酸盐水泥基注浆材料的应用研究 [D]. 焦作：河南理工大学，2011.

［72］彭美勋，蒋建宏，张欣，等. 矿用高水材料的组分对其性能与微结构的影响 [J]. 矿业工程研究，2011，26（3）：56–59.

［73］Trauchessec R，Mechling J M，Lecomte A，et al. Hydration of ordinary Portland cement and calcium sulfoaluminate cement blends [J]. Cement and Concrete Composites，2015，56：106–114.

［74］马保国，苏雷，蹇守卫. 钙矾石 – 石灰复合型膨胀剂膨胀特性的研究 [J]. 新型建筑材料，2009，36（11）：39–42.

［75］马惠珠，邓敏. 碱对钙矾石结晶及溶解性能的影响 [J]. 南京工业大学学报（自然科学版），2007，29（5）：37–40.

［76］王善拔，季尚行，刘银江，等. 碱对硫铝酸盐水泥膨胀性能的影响 [J]. 硅酸盐学报，1986，14（3）：285–292.

［77］李好茜，乔秀臣. 外部因素对钙矾石晶体结构及形貌的影响综述 [J]. 硅酸盐通报，2023，42（1）：31–47.

［78］刘秉京. 高效减水剂与水泥的适应性 [J]. 混凝土，2002（9）：20–25.

［79］潘莉莎，邱学青，庞煜霞，等．减水剂对水泥水化行为的影响［J］. 硅酸盐学报，2007，35（10）：1369-1375.

［80］Nagrockiene D, Pundienė I, Kicaite A. The effect of cement type and plasticizer addition on concrete properties [J]. Construction and building materials，2013，45：324-331.

［81］Skripki ū nas G，Kičaitė A，Macijauskas M. The influence of calcium nitrate on the plasticizing effect of cement paste [J]. Journal of civil engineering and management，2016，22（3）：434-441.

［82］Tkaczewska E. Effect of the superplasticizer type on the properties of the fly ash blended cement [J]. Construction and Building Materials，2014，70：388-393.

［83］王振军，何廷树．缓凝剂作用机理及对水泥混凝土性能影响［J］. 公路，2006（7）：149-154.

［84］桂雨，廖宜顺，蒋卓．硼砂对硫铝酸盐水泥水化行为的影响研究［J］. 硅酸盐通报，2016，35（11）：3720-3723.

［85］俞韶秋，李相国，谭洪波，等．柠檬酸钠在水泥颗粒表面的吸附行为及缓凝机理［J］. 混凝土，2013（10）：72-75.

［86］Huang G, Pudasainee D, Gupta R, et al. Utilization and performance evaluation of molasses as a retarder and plasticizer for calcium sulfoaluminate cement-based mortar [J]. Construction and Building Materials，2020，243：118-201.

［87］Li H Y, Yang K, Guan X M. Properties of sulfoaluminate cement-based grouting materials modified with LiAl-layered double hydroxides in the presence of PCE superplasticizer [J]. Construction and Building Materials，2019，226：399-405.

［88］Wu Y H, Li Q Q, Li G X, et al. Effect of naphthalene-based superplasticizer and polycarboxylic acid superplasticizer on the properties of sulfoaluminate cement [J]. Materials，2021，14（3）：662.

［89］Tian H, Kong X, Cui Y, et al. Effects of polycarboxylate superplasticizers on fluidity and early hydration in sulfoaluminate cement system [J]. Construction and Building Materials，2019，228：116711.

［90］Tan H, Guo Y, Zou F, et al. Effect of borax on rheology of calcium sulphoaluminate cement paste in the presence of polycarboxylate superplasticizer [J]. Construction and Building Materials，2017，139：277-285.

［91］Gwon S，Jang S Y，Shin M. Combined effects of set retarders and polymer powder on the properties of calcium sulfoaluminate blended cement systems [J]. Materials，2018，11（5）：825.

［92］Chang W，Li H，Wei M，et al. Effects of polycarboxylic acid based superplasticiser on properties of sulphoaluminate cement [J]. Materials Research Innovations，2009，13（1）：7–10.

［93］陈娟，胡晓曼，李北星. 几种外加剂对硫铝酸盐水泥性能的影响 [J]. 水泥工程，2005（3）：13–15.

［94］Ma B，Qi H，Tan H，et al. Effect of aliphatic–based superplasticizer on rheological performance of cement paste plasticized by polycarboxylate superplasticizer [J]. Construction and Building Materials，2020，233：117181.

［95］García–Maté M，Santacruz I，Ángeles G. De la Torre，et al. Rheological and hydration characterization of calcium sulfoaluminate cement pastes [J]. Cement and Concrete Composites，2012，34（5）：684–691.

［96］Ma B，Ma M，Shen X，et al. Compatibility between a polycarboxylate superplasticizer and the belite–rich sulfoaluminate cement：Setting time and the hydration properties [J]. Construction and Building Materials，2014，51：47–54.

［97］张鸣，张德成，吴波，等. 外加剂与硫铝酸盐水泥相容性研究 [J]. 济南大学学报，2006，20（2）：125–129.

［98］Champenois J B，Dhoury M，Coumes C C D，et al. Influence of sodium borate on the early age hydration of calcium sulfoaluminate cement [J]. Cement and Concrete Research，2015，70：83–93.

［99］彭艳周，丁庆军，王发洲，等. 硫铝酸盐水泥专用缓凝保塑高效减水剂的研制 [J]. 绿色建筑，2007，23（1）：46–49.

［100］Hu Y，Li W，Ma S，et al. Influence of borax and citric acid on the hydration of calcium sulfoaluminate cement [J]. Chemical Papers，2017，71（10）：1909–1919.

［101］Zhang G，Li G，Li Y. Effects of superplasticizers and retarders on the fluidity and strength of sulphoaluminate cement [J]. Construction and Building Materials，2016，126：44–54.

［102］李林香，谢永江，冯仲伟，等. 水泥水化机理及其研究方法 [J]. 混凝土，2011（6）：76–80.

［103］Schöler A，Lothenbach B，Winnefeld F，et al. Hydration of quaternary Portland cement blends containing blast-furnace slag, siliceous fly ash and limestone powder [J]. Cement and Concrete Composites, 2015, 55（55）: 374–382.

[104] Martin L H J, Winnefeld F, Muller C J, et al. Contribution of limestone to the hydration of calcium sulfoaluminate cement [J]. Cement and Concrete Composites, 2015, 62 : 204–211.

[105] Chen Z, Poon C S. Comparative studies on the effects of sewage sludge ash and fly ash on cement hydration and properties of cement mortars [J]. Construction and Building Materials, 2017, 154 : 791–803.

[106] Ma S, Li W, Zang S, et al. Study on the hydration and microstructure of Portland cement containing diethanol-isopropanolamine [J]. Cement and Concrete Research, 2015, 67 : 122–130.

[107] Champenois J B, Dhoury M, Coumes C D, et al. Influence of sodium borate on the early age hydration of calcium sulfoaluminate cement [J]. Cement and Concrete Research, 2015, 70 : 83–93.

[108] Han F, Zhang Z, Wang D, et al. Hydration heat evolution and kinetics of blended cement containing steel slag at different temperatures [J]. Thermochimica Acta, 2015, 605 : 43–51.

[109] Puerta-Falla G, Kumar A, Gomez-Zamorano L, et al. The influence of filler type and surface area on the hydration rates of calcium aluminate cement [J]. Construction and Building Materials, 2015, 96 : 657–665.

[110] Chaudhari O, Biernacki J J, Northrup S. Effect of carboxylic and hydroxycarboxylic acids on cement hydration : experimental and molecular modeling study [J]. Journal of Materials Science, 2017, 52（24）: 13719–13735.

[111] Ma S, Li W, Zhang S, et al. Influence of sodium gluconate on the performance and hydration of Portland cement [J]. Construction and Building Materials, 2015, 91 : 138–144.

[112] Han J G, Yan P Y. Influence of lithium carbonate on hydration characteristics and strength development of sulphoaluminate cement [J]. Journal of Building Materials, 2011, 14（1）: 6–9.

[113] Möschner G, Lothenbach B, Figi R, et al. Influence of citric acid on the hydration of Portland cement[J]. Cement and Concrete Research, 2009, 39（4）: 275–282.

[114] Na S H, Kang H J, Song Y J, et al. Effect of Superplasticizer on the Early

Hydration Ordinary Potland Cement [J]. Journal of the Korean Ceramic Society，2010，47（5）：387-393.

［115］Bao-Guo M A，Zhu Y C，Di H U，et al. Influence of calcium formate on sulphoaluminate cement hydration and harden process at early age [J]. Journal of Functional Materials，2013，44（12）：1763-1767.

［116］Frank W，Stefanie K. Influence of citric acid on the hydration kinetics of calcium sulfoaluminate cement [C]// International Conference on Sulphoaluminate Cement：Materials and Engineering Technology，Wuhan，China，October. 2013.

［117］Zajac M，Skocek J，Bullerjahn F，et al. Effect of retarders on the early hydration of calcium-sulpho-aluminate（CSA）type cements [J]. Cement and Concrete Research，2016，84：62-75.

［118］王培铭，丰曙霞，刘贤萍. 水泥水化程度研究方法及其进展 [J]. 建筑材料学报，2005，8（6）：646-652.

［119］王文东. 水泥水化动力学机理及模型建立的研究 [J]. 内蒙古石油化工，2008，34（17）：8-13.

［120］Fernández-Jiménez A，Puertas F. Alkali-activated slag cements：kinetic studies [J]. Cement and concrete research，1997，27（3）：359-368.

［121］Fernández-Jiménez A，Puertas F，Arteaga A. Determination of kinetic equations of alkaline activation of blast furnace slag by means of calorimetric data [J]. Journal of thermal analysis and calorimetry，1998，52（3）：945-955.

［122］Wang X Y，Lee H S. Modeling the hydration of concrete incorporating fly ash or slag [J]. Cement and Concrete Research，2010，40（7）：984-996.

［123］Wang X Y. Kinetic Hydration Heat Modeling for High-Performance Concrete Containing Limestone Powder [J]. Advances in Materials Science and Engineering，2017，2017：1-11.

［124］Krstulović R，Dabić P. A conceptual model of the cement hydration process [J]. Cement and concrete research，2000，30（5）：693-698.

［125］阎培渝，郑峰. 水泥基材料的水化动力学模型 [J]. 硅酸盐学报，2006，34（5）：555-559.

［126］文静. 氯氧镁水泥的水化历程及动力学机理研究 [D]. 北京：中国科学院大学，2013.

［127］孔祥明，路振宝，石晶，等. 磷酸及磷酸盐类化合物对水泥水化动力学的

影响 [J]. 硅酸盐学报，2012，40（11）：1553–1558.

［128］陈霞，方坤河，杨华全，等. 掺 P_2O_5 水泥基材料水化动力学研究 [J]. 土木建筑与环境工程，2010，32（5）：119–124.

［129］Ouhadi V R. The role of marl components and ettringite on the stability of stabilized marl [D]. Montreal：McGill University，1997.

［130］Ginstling A M，Brounshtein B I. Concerning the diffusion kinetics of reactions in spherical particles [J]. J. Appl. ChcilL USSR，1950，23（12）：1327–1338.

［131］Plowman C，Cabrera J G. Mechanism and kinetics of hydration of C_3A and C_4AF. Extracted from cement [J]. Cement and Concrete Research，1984，14（2）：238–248.

［132］Brown P W，Lacroix P. The kinetics of ettringite formation [J]. Cement and Concrete Research，1989，19（6）：879–884.

［133］徐冠立，孙遥，林金辉. 含钡硫铝酸盐水泥的水化动力学与热力学研究 [J]. 材料导报，2013，27（12）：126–130.

［134］杨惠先，金树新. 无水硫铝酸钙水化热动力学特性的研究 [J]. 石家庄铁道大学学报（自然科学版），1995（1）：75–80.

［135］杨冬蕾，杨再银. 我国脱硫石膏的综合利用现状 [J]. 硫酸工业，2018（9）:4–8.

［136］周云刚，何宾宾. 我国磷石膏综合利用现状与建议 [J]. 磷肥与复肥，2023，38（5）：11–16.

［137］张峻，解维闵，董雄波，等. 磷石膏材料化综合利用研究进展 [J]. 材料导报，2023，37（16）：163–174.

［138］张浩，李辉. 用磷石膏制备贝利特–硫铝酸盐水泥 [J]. 硅酸盐通报，2014，33（6）：1567–1571.

［139］杨志强，陈晴，郭清春，等. 磷石膏在水泥生产中的应用现状与展望 [J]. 硅酸盐通报，2016，35（9）：2860–2865.

［140］Prokopski G，Halbiniak J. Interfacial transition zone in cementitious materials [J]. Cement and Concrete Research，2000，30（4）：579–583.

［141］Leemann A，Munch B，Gasser P，et al. Influence of compaction on the interfacial transition zone and the permeability of concrete [J]. Cement and Concrete Research，2006，36（8）：1425–1433.

［142］Lee K M，Park J H. A numerical model for elastic modulus of concrete considering interfacial transition zone [J]. Cement and Concrete Research，2008，38（3）：

396–402.

［143］王晓蕾，熊祖强，袁印，等. 破碎围岩无机材料注浆加固机理及其应用研究 [J]. 地下空间与工程学报，2022，18（1）：112–119.

［144］梁化磊，韩晓龙，陈新明，等. 聚合物水泥浆液 – 煤体界面过渡区力学性能研究 [J]. 煤矿安全，2021，52（9）：71–77.

［145］黄燕，胡翔，史才军，等. 混凝土中水泥浆体与骨料界面过渡区的形成和改进综述 [J]. 材料导报，2023，37（1）：102–113.

［146］邱继生，朱梦宇，周云仙，等. 粉煤灰对煤矸石混凝土界面过渡区的改性效应 [J]. 材料导报，2023，37（2）：71–77.

［147］王晴，冉坤，王继博，等. 自燃型煤矸石混凝土界面过渡区微观特性研究 [J]. 混凝土，2021（8）：69–71.

［148］黄炳银，崔素萍，王亚丽，等. 石膏溶解特性对无水硫铝酸钙水化进程的影响 [J]. 硅酸盐通报，2023，42（5）：1804–1813.

［149］张杰，陶俊，罗小东，等. 石膏品种对硫铝酸钙 – 氧化钙类膨胀剂膨胀性能的影响研究 [J]. 新型建筑材料，2023，50（7）：24–27.

［150］王硕，常钧，季娟，等. 硫铝酸盐水泥胶凝膨胀性能与石膏种类的关系 [J]. 新世纪水泥导报，2019，25（1）：69–72.

［151］余保英，高育欣，王军. 含不同石膏种类的超硫酸盐水泥的水化行为 [J]. 建筑材料学报，2014，17（6）：965–971.

［152］Winnefeld F，Lothenbach B. Hydration of calcium sulfoaluminate cements–Experimental findings and thermodynamic modelling [J]. Cement and Concrete Research，2010，40（8）：1239–1247.

［153］周剑波. 延迟钙矾石生成影响因素研究 [D]. 哈尔滨：哈尔滨工业大学，2011.

［154］马丽萍. 磷石膏资源化综合利用现状及思考 [J]. 磷肥与复肥，2019，34（7）：5–9.

［155］白海丹. 2019 年我国磷石膏利用现状、问题及建议 [J]. 硫酸工业，2020（12）：7–10.

［156］Jis R，Wang Q，Luo T. Reuse of phosphogypsum as hemihydrate gypsum：The negative effect and content control of H_3PO_4 [J]. Resources，Conservation and Recycling，2021，174：105830.

［157］张欢，彭家惠，郑云. 不同形态可溶性 P_2O_5 对石膏性能的影响 [J]. 硅酸盐通报，2013，32（12）：2455–2459.

［158］朱志伟，何东升，陈飞，等. 磷石膏预处理与综合利用研究进展 [J]. 矿产保护与利用，2019，39（4）：19–25.

［159］梁静，徐铁兵，任钢，等. 水洗对尾矿应用于磷石膏无害化处理的影响研究 [J].

山东工业技术，2015（14）：10-12.

[160] 姜关照，吴爱祥，王贻明，等.生石灰对半水磷石膏充填胶凝材料性能影响[J].硅酸盐学报，2020，48（1）：86-93.

[161] 李凤玲，钱觉时，倪小琴，等.快烧对磷石膏脱水相组成及胶凝性能的影响[J].硅酸盐学报，2015，43（5）：579-584.

[162] 谭明洋，相利学.磷、氟对硅酸盐水泥凝结时间的影响[J].水泥，2017（5）:7-9.

[163] 黄浩然.可溶性磷酸盐和氟盐对硫铝酸盐水泥水化及收缩特性的影响[D].武汉：武汉科技大学，2022.

[164] 王现成，马先伟，赵林林，等.井盐石膏性能调控研究[J].河南城建学院学报，2022，31（4）：32-36.

[165] 李志新，徐开东，周浩，等.复合外加剂改性盐石膏的研究[J].无机盐工业，2020，52（11）：75-78.

[166] 王宏，郭永平，桂明生.盐石膏粒径控制及洗盐工艺研究[J].中国井矿盐，2020，51（6）：6-10.

[167] Mindess S. Tests to determine the mechanical properties of the interfacial zone [J]. RILEM Report, 1994, 47-63.

[168] Farran J. Introduction : the transition zone–discovery and development : interfacial transition zone in Contrete [R]. London : RILEM Report, 1996 : 13-15.

[169] Elsharief A, Cohen M D, Olek J. Influence of aggregate size, water cement ratio and age on the microstructure of the interfacial transition zone [J]. Cement and Concrete Research, 2003, 33（11）: 1837-1849.

[170] 胡曙光，王发洲，丁庆军.轻集料与水泥石的界面结构[J].硅酸盐学报，2005，33（6）：713-717.

[171] 董华，钱春香.砂岩、大理岩–浆体界面区结构特征[J].硅酸盐学报，2008（S1）：192-196.

[172] 郑克仁，孙伟，林玮，等.矿渣对界面过渡区微力学性质的影响[J].南京航空航天大学学报，2008，40（3）：407-411.

[173] Gao J M, Qian C X, Liu H F, et al. ITZ microstructure of concrete containing GGBS [J]. Cement and Concrete Research, 2005, 35（7）: 1299-1304.

[174] Rossignolo J A. Interfacial interactions in concretes with silica fume and SBR latex [J]. Construction & Building Materials, 2009, 23（2）: 817-821.

[175] 陈惠苏，孙伟，STROEVEN P. 水泥基复合材料界面过渡区体积分数的定量计算[J].哈尔滨工业大学学报，2006，23（2）：133-142.

［176］李屹立，陆小华，冯玉龙，等 . 花岗岩 / 硅烷偶联剂 / 水泥浆界面层的形成机理 [J]. 材料研究学报，2007，21（2）：140-144.

［177］苏达根，何娟，张京锋 . 硅烷偶联剂对沥青与石料及水泥胶砂界面的作用 [J]. 华南理工大学学报（自然科学版），2007，35（2）：112-115.

［178］李绍政，苏慕珍，王燕谋 . 快硬硫铝酸盐水泥浆体 – 矾土集料界面的微结构 [J]. 硅酸盐学报，1992（2）：130-137.

［179］李绍政，苏慕珍，王燕谋 . 快硬硫铝酸盐水泥浆体 – 石灰石集料界面的微结构 [J]. 硅酸盐学报，1992，20（1）：88-94.

［180］魏鸿，凌天清，卿明建，等 . 再生水泥混凝土界面过渡区的结构特性分析 [J]. 重庆交通大学学报（自然科学版），2008，27（5）：709-711，821.

［181］胡杰，徐礼华，邓方茜，等 . 聚丙烯纤维增强水泥基复合材料界面过渡区的纳米力学性能 [J]. 硅酸盐学报，2016，44（2）：268-278.

［182］Hussin A，Poole C. Petrography evidence of the interfacial transition zone（ITZ）in the normal strength concrete containing granitic and limestone aggregates [J]. Construction and Building Materials，2011，25（5）：2298-2303.

［183］Sun X，Zhang B，Dai Q，et al. Investigation of internal curing effects on microstructure and permeability of interface transition zones in cement mortar with SEM imaging，transport simulation and hydration modeling techniques [J]. Construction and Building Materials，2015，76：366-379.

［184］Xie Y，Corr D J，Jin F，et al. Experimental study of the interfacial transition zone（ITZ）of model rock-filled concrete（RFC）[J]. Cement and Concrete Composites，2015，55：223-231.

［185］董华，钱春香 . 骨料尺寸对微区泌水及界面区结构特征的影响 [J]. 建筑材料学报，2008，11（3）：334-338.

［186］连丽，印海春，廖卫东 . 混凝土界面区的显微硬度研究 [J]. 国外建材科技，2005，26（2）：8-11.

［187］张海波，管学茂，刘小星，等 . 废旧橡胶颗粒对混凝土强度的影响及界面分析 [J]. 材料导报，2009，23（8）：65-67.

［188］董淑慧，张宝生，葛勇，等 . 轻骨料 – 水泥石界面区微观结构特征 [J]. 建筑材料学报，2009，12（6）：737-741.

［189］施惠生，孙丹丹，吴凯 . 混凝土界面过渡区微观结构及其数值模拟方法的研究进展 [J]. 硅酸盐学报，2016，44（5）：678-685.